쿨한 부모 행복한 아이

일러두기

1. 본문에서 언급하는 단행본과 논문 및 발표 자료는 국내에서 출간된 경우 국역본 제목으로 표기하였으나, 출간되지 않은 도서의 경우 원어 제목과 함께 직역한 제목을 병기했습니다.

2. 본문에 나오는 아이들의 나이는 원서와 달리 한국 나이로 표기하였습니다. 단, 문맥 흐름에 따라 만 나이라는 표현을 덧붙였습니다.

3. 두 아이를 키우는 프랑스 엄마의 경험담을 엮은 글입니다. 한국의 자녀교육 정서와 맞지 않는 부분이 있더라도 저자가 의도하는 바를 있는 그대로 옮겼습니다.

쿨한 부모
행복한 아이

오늘도 아이와 전쟁하고 있는 부모를 위한 긍정 육아

샤를로트 뒤샤르므 지음

이주영 옮김 | 안희원 그림

들어가기 전에

이 책은 교과서가 아니다. 실용서는 더욱 아니다. 개인적인 교육법을 알려주는 책, 나아가 개인의 교육관을 담은 책이라고 할 수 있다. 실제로 이 책은 일하면서 두 아이를 키우고 있는 나의 경험담을 모은 것이다.

나와 오빠 두 명은 1980~1990년대 어른 말을 잘 들어야 한다는 '전통적인 교육'을 받고 컸다. 우리 형제는 부모님의 가르침을 충실히 따르며 얌전하게 자랐다. 개개인 모두 학교 다닐 때 공부도 잘했고, 지금도 나름 성공적인 인생을 살고 있다. 우리 형제만 놓고 보면 전통적인 교육은 효과가 있어 보인다. 그런데 왜 오늘날에는 이 전통적인 교육 방식에 대한 비판의 목소리가 새어나오는 걸까? 왜 그럴까?

내 말을 오해하지 말았으면 좋겠다. 현재의 교육 모델에 도전하고 싶다는 이야기는 아니니까. 그냥 직감적으로 전통적인 교육에 의문이 생길 때도 있다는 뜻이다. 첫아이가 태어나자 내 안의 목소리가 '때에 따라서는 전통적인 교육법과 다른 방식으로 아이를 키워봐'라고 속삭였다. 어려서 직접 받았던 전통적인 교육 모델과 직감 사이에서 갈팡질팡하다 결국 나를 한 번 믿어보기로 했다. 나만의 교육 방식을 시도한 셈이다.

내면의 목소리에 귀 기울이기로 결심한 후, 소위 '쿨한 아빠'를 자처하는 남편과 함께 주기적으로 이야기를 나눴다. 우리 부부는 내면의 목소리에 따라 아이를 기르기로 마음먹고, 우리의 교육 방식이 어떤 결과로 나타날지 지켜봤다. 처음 우리 부부는 의사소통 방식부터 바꿨다. 그리고 아이들이 떼쓰거나 황당한 행동을 할 때 대처하는 태도도 바꿨다. 아이들을 이해하고 어떤 상황에도 아이들에게 소리 지르지 않기 위해 애썼다.

무엇보다 내가 아이들에게 심어주려고 하는 가치는 무엇인지에 대해 진지하게 생각했다. 타인을 존중하는 마음, 자신감, 자율성, 이타성, 온정, 삶의 기쁨 같은 가치를 가르쳐주고 싶었다. 아이들에게 전해주고 싶은 이러한 가치에 관심이 생겨 관련 기사와 책을 읽다 보니 내가 추구하던 교육이 '긍정 교육'이라는 사실을 알게 되었다.

나는 심리학자도, 아동 전문 의사도 아니다. 그저 두 아이를 기르는 평범한 엄마다. 평범한 엄마의 입장에서 교육에 대한 나의 비전, 생각과 경험을 독자들과 나누고 싶었다.

소통 방법을 찾다가 지난 2015년 3월에 '쿨한 부모가 행복한 아이를 만든다Cool Parents Make Happy Kids'라는 블로그를 시작했다. 블로그를 운영하면서 다른 부모들 역시 나와 비슷한 고민을 한다는 사실을 알게 되었다. 전통적인 교육에 의문을 품고, 새로운 교육법을 모색하던 부모는 나뿐만이 아니었다. 비슷한 고민을 가진 다양한 부모들을 만나며 나는 추진력과 영감 그리고 용기를 얻었다. 이를 통해 내가 어떻게 '긍정적이고 쿨한 엄마'가 되었는지 그 이야기를 들려주고자 이 책을 쓰기로 결심했다.

나 역시 완벽한 부모가 아니다. 여전히 아이들과 씨름할 때도 있고, 인내심을 잃거나 서두를 때도 있다. 하지만 최소한 노력은 한다. 마음을 가다듬고 휴대폰을 내려놓은 채 내가 추구하는 목표가 무엇인지 분명히 기억하려고 노력한다. '우리 아이들이 행복하고 성숙하며 온전히 자기다운 어른으로 성장할 수 있도록 부모로서, 어른으로서 모든 노력을 다하자.' 이것이 내 머릿속을 지배하는 단 하나의 생각이다.

이제 이 책을 선택한 독자 여러분이 노력할 차례다. 내면의 목소리에 귀 기울이고 자신을 믿어보자. 분명 여유롭게 한발 물러서서 상황을 바라보고, 아이들에게 가장 좋은 교육을 하겠다고 결심한 부모이기에 이 책을 선택했을 것이다. 그런 부모들에게 힘내라고, 축하한다고 말해주고 싶다. 우리의 아이들은 이다음에 어른이 된다. 아이들을 행복하고 성숙한 남녀로 자라게 하는 일은 우리 부모의 손에 달려 있다!

목차

3장

**가정의
질서를 위해
규칙을
정하자**

4장

우리 아이를
행복한
사람으로
만들자

1장

편견을
버리자

왜 순종이 목적이 되면
안 되는가?

어느 일요일, 남편은 결혼을 앞둔 친구에게 총각 파티를 위해 외출했다. 어쩔 수 없이 나는 혼자서 5개월에 접어든 아들 레옹과 만 두 살짜리 딸 조이와 씨름하며 휴일을 보내야만 했다. 정신없이 허둥거리다가 친구들과의 점심 약속도 결국 취소되고 말았다. 엎친 데 덮친 격으로 베이비시터를 찾지 못해 저녁 외출마저도 불투명했다. 종일토록 비가 내린 탓이었을까. 아니면 원래 집에 붙어 있는 성격이 아니라 그런지 유독 기분이 가라앉았다.

그날 저녁, 내가 바라는 것은 오직 한 가지뿐이었다. 바로 아이들을 아무 일 없이 재우는 것! 그러나 늘 그렇듯 아이들이 생각대로 따라주지 않았다. 조이가 치약을 입에 가득 묻힌 채 욕실에서 갑자기 나온 것이다.

쿨한 부모 행복한 아이

양치를 끝낼 때까지 얌전히 욕실에 있으면 좋으련만, 조이는 악착같이 방으로 가려고 했다. 나는 조이와 말다툼하고 싶지 않았다. 그저 조이가 내 말을 좀 들었으면 싶었다.

"조이. 양치는 욕실에서 해야 하는 거야."

"싫어!"

"욕실로 가라니까!"

"싫어!"

조이의 "싫어"는 나의 명령 못지않게 단호했고 한 치의 양보도 없었다. 조이가 대들수록 나는 권위적이게 되었고, 내가 권위적으로 윽박지를수록 조이 역시 절대 물러서지 않았다. 그다음은 어떻게 되었을까? 조이는 북받친 서러움 때문에 울먹이며 마저 양치하러 욕실로 돌아갔다.

이 같은 아이와의 기싸움에서 내가 궁극적으로 바라던 목표는 무엇이었을까? 곰곰이 생각해보니 오직 한 가지였던 것 같다. 딸아이가 내 말을 잘 따르는 것 말이다. 하지만 굳이 아이에게 그런 강요를 할 필요가 있었을까? 왜 부모가 되면 수단 방법 가리지 않고 아이에게 권위적이게 될까? 말 한마디로 순식간에 사방을 조용하게 만들던 할아버지의 옛 모습이 내 머릿속에 인상적으로 남아 있어서였는지, 아니면 주변에서 말하는 순종적인 아이의 어떤 상이 남아 있어서 그런 것인지 내 스스로 의구심이 들었다.

정말로 조이에게 바라는 것이 순종적인 아이의 모습일까? 나는 이 '순종'이라는 단어의 뜻이 궁금해 평소 무거워서 잘 꺼내보지 않던 프랑스의 대표적인 《라루스 백과사전Grand Larousse Encyclopedique》을 펼쳤다.

• 순종: 누군가의 의지 혹은 규칙을 고분고분 따르는 것.

나는 몇 번이고 백과사전에 적힌 순종이란 단어의 뜻을 곱씹어 읽었다. 우리는 매일 아이들에게 이런저런 수많은 명령을 한다. 그러다 보면 솔직히 아이가 순종적이어서 편할 때도 있다. 하지만 과연 순종적인 성격이 아이의 앞날에 긍정적인 도움이 될지 누구도 알 수 없다. 사전에 나온 대로 그저 고분고분 따르는 것이 순종이라면 아이가 이다음에 직업을 갖거나, 사회생활을 하거나, 가정을 꾸릴 때 순종적인 성격만으로 원하는 바를 이룰 수 있을까? 나조차 이 물음 앞에선 겸손해질 수밖에 없었다.

꼭 기억하자!

아이들이 부모의 말과 규칙에 따라주면 좋겠다는 것은 부모의 진짜 속마음이기는 하다! 그러나 아이의 입장에서 생각하는 인본주의적인 의문을 품는 태도를 우리 스스로 길러야 한다.

🗨 법이란 사회 질서를 보장하는 것

법은 우리의 삶과 사회를 규제하지만, 법 조항을 전부 아는 사람은 극히 드물다. 그럼에도 불구하고 우리는 법을 지키면서 살아간다. 법에 순종한다는 느낌은 전혀 들지 않으면서 말이다. 왜 이런 현상을 느끼는 걸까?

사회에는 다양한 사람이 함께 어울리며 지낸다. 법은 이 같은 사회에서 마찰을 줄이고, 질서를 유지하기 위해 대다수의 사람들이 합의한 사항을 성문화한 것이다. 사람들은 사회 규제와 관련된 법을 자연스럽게 따른다. 왜냐하면 한 국가의 법은 국민들의 가치관과 상식을 반영해 제정됐기 때문이다. 물론 법이 지니는 강제력도 무시할 수는 없다. 법을 어기면 처벌 받을 수 있다는 사실을 인지하고 있어서다. 그렇다면 우리는 처벌 받는 게 두려워 법을 지키는 것일까? 나는 아니라고 생각한다.

나는 훗날 아이들이 커서 운전을 하게 되면 절대 자전거 전용 도로에 주차하지 않았으면 한다. 벨리브^{Velib}(프랑스의 파리에서 운영하고 있는 무인 자전거 대여 시스템)로 자전거를 빌려 타는 파리지엔^{Parisienne}(파리 여성을 일컫는 말)으로서, 자전거 전용 도로에 제멋대로 주차된 자동차를 피해가기 위해 자전거 타는 사람들이 얼마나 아슬아슬하게 다니는지 잘 알기 때문이다. 이 상황을 빗대어 내 자녀 교육관을 풀어보자면 우리 아이들이 억지로 법을 지키는 것이 아니었으면 좋겠다. 아이들 스스로 자전거 타는 사람들을 먼저 배려하는 마음에서 주차를 하지 않길 바란다.

다시 조이의 양치질 이야기로 돌아가 보면, 조이가 내 말 때문에 마지못해 욕실에서 양치하는 것이 아니길 바랐던 것이다. 조이 스스로 양치할 때 방 안을 돌아다니면 실수로 카펫에 치약을 떨어뜨릴 수 있다는 사실을 알았으면 한다. 그런 이유에서 조심하기 위해 욕실에서 양치하는 것이길 바랄 뿐이다.

🗨 우선순위는
가치 전달

언젠가 조이가 자신의 가치관에서 벗어나는 규칙을 누군가에게 강요받는다면 어떻게 할까? 고분고분 말을 들을까, 아니면 자신의 가치관을 지키기 위해 맞설까? 나는 조이가 후자를 선택했으면 한다. 이미 양치질 전투에서도 느꼈지만 아이가 누군가의 말을 쉽게 들을 것 같지 않으면서도 걱정이 되는 건 어쩔 수 없다.

한 번은 조이에게 레옹이 낮잠 자는 동안 얼른 같이 빵집에 다녀오자고 했다. 아래층 빵집에서 간식을 사고 재빨리 집으로 올라오면 되는 상황이라 큰 문제는 없어보였다. 그런데 레옹보다 겨우 두 살 누나인 조이는 내 말에 강하게 반발했다. 키가 자기보다 1미터는 더 크고, 몸무게가 네 배나 더 나가고, 더군다나 내가 엄마임에도 불구하고 조이는 아랑곳하지 않았다. 어린 남동생을 혼자 집에 두고 나온다는 것은 조이에게 상상할 수도 없는 일이었던 것이다.

그때 부모의 말이라고 무조건 따르지 않고 자기 신념을 주장할 줄 아는 조이의 태도에 놀라웠다. 앞으로 성장하면서도 조이가 그런 모습을 계속 간직해 나가길 바랄 뿐이다. 자신의 가치관대로 행동하는 태도가 습관처럼 순종하는 태도보다 훨씬 중요하기 때문이다. 자신의 가치관과 맞아서 따른다면 아주 바람직한 일이다.

그렇다면 때로는 하기 싫어도 해야만 할 때가 있는 직업의 세계에서는 어떨까?

쿨한 부모 행복한 아이

💬 직업의
세계

직장 생활에서 부하는 상사의 명령이 본인의 신념과 맞아서 따르는 것은 아니다. 상사의 지시를 따르는 것이 직장 내 관례처럼 굳어져 왔기 때문이다. 그렇지만 나는 우리 아이들이 이다음에 커서 윗사람이라고 무조건 고개 숙이고 따르지 않았으면 한다.

일례로 내가 일하던 회사에는 궂은일을 도맡아 하는 동료가 한 명 있었다. 그 동료는 옆자리에 있는 다른 동료보다 업무가 두 배가량 많았다. 내게 메일을 보내는 시간도 자정이 지나 있을 때가 많았다. 매일 야근을 한다고 해서 그 동료가 발전한다는 보장도 없는데 말이다. 순수하게 일을 너무 좋아해서 그런 것이라면 괜찮지만 혹시라도 상사의 명령을 거절할 수 없어 마지못해 하는 일이었다면 정말 괜찮았던 걸까? 회사 입장에서 보면 보석 같은 존재였을지 모르지만, 그 동료는 여러모로 점점 소모되고 있었을지도 모른다.

나는 아이들이 반대 의견을 낼 줄 아는 배짱이 있었으면 좋겠다. 내 성격도 순종과는 거리가 멀다. 어려서부터 말을 잘 들어야 착하다는 교육을 받고 자랐지만, 내게는 반항적인 기질이 잠재돼 있다. 누군가에게 지시를 받으면 왜 그 지시를 따라야 하는지 타당한 이유가 있어야 직성이 풀린다. 현재 직장 내 나의 자리와 업무 또한 내가 선택한 결과라고 생각한다(고용 계약서에 자발적으로 서명했으니 책임질 부분도 있다). 덧붙여 업무 목표 달성을 위해 어떤 방식을 선택하느냐는 나의 자유이기도 하다. 나는 이런 면모가 직원으로서의 책임의식이라고 생각한다. 사람들은 더러 이런 성격이면 전형적인 관료제 구조의 회사에서 승진하기는 어렵다고 말한다.

그러나 다행히도 오늘날 기업들은 조금씩 알아가고 있다. 고분고분 윗선에서 시키는 일만 잘하는 직원보다 책임감, 자율성, 추진력 있는 직원일수록 성과가 더 높다는 사실을 말이다. 이와 관련된 연구 결과도 있다. 책임의식이 높은 직원일수록(직원들에게 전반적인 틀을 알려주고 세세한 업무는 책임감을 갖고 자유롭게 수행하도록 하는 경우) 추진력을 갖고 열심히 일하며 더 많은 일을 효율적으로 처리한다고 한다. 반대로 대량 생산 작업처럼 지시받은 업무만 하는 구조에서는 직원들이 업무에 아무런 재미를 느끼지 못하며 열심히 하려는 의욕도 별로 없다. 자연스럽게 이런 회사에서는 직원들이 자주 사표를 내고 인사이동도 잦다.

인사부에서 일하는 나는 매년 직원의 책임의식을 주제로 하는 수많은 회의에 참석한다. 그 덕에 해가 갈수록 '직원의 책임의식'을 강조하는 회사가 점점 늘어나고 있다는 것을 실감한다. 직원의 책임의식은 현실과 동떨어질 때도 있으나 회사들은 이를 중시한다. 무슨 이유에서일까? 간단히 말해 효율성을 높이기 위해서이고 결과적으로 이윤 때문인 셈이다(참고로 자본주의 기업 이야기를 하고 있다. 순진한 사람들로 이루어진 세상 이야기를 하는 것이 아니다).

좀 더 구체적으로 이야기를 해보겠다. 내가 처음 다닌 회사는 직원이 50명 정도 되는 중소기업이었다. 순종하지 않는다는 이유만으로 그곳에서 내가 손해 입은 적은 한 번도 없었다. 하지만 이후 경력을 쌓고 규모가

20배나 더 큰 회사에 새로 입사하던 날, 모든 것이 달라졌다. 여기서는 대부분의 업무가 이미 체계화된 절차를 따르도록 되어 있었다. 체계화된 절차라 오히려 편하지 않냐고? 간단하게 해결할 수 있는 부분까지 모두 정해진 형식을 갖춰야 한다는 문제가 있었다. 앞자리 동료에게 미팅에 함께 가자고 부탁할 때 왜 메일을 써야 할까? 그냥 말로 부탁하는 것보다 시간도 더 걸릴뿐더러 지루하고 비효율적인데 말이다. 이 같은 시스템을 이해할 수 없던 나는 거부 의사를 밝혔다. 직원의 반항적인 태도를 처음 겪어본 회사는 당혹스러움을 감추지 못했으나 차차 문제의 시스템을 검토하기 시작했고, 이후 어느 정도의 유연성과 융통성을 받아들였다.

여기서 잠깐! 고분고분하지 말라는 것이 모든 것에 반대하라는 뜻은 아니다. 영국 철학자 존 스튜어트 밀John Stuart Mill이 말했듯 우리의 자유는 다른 사람들의 자유를 침해해서는 안 된다. 나 역시 다른 사람들을 존중하기 위해 노력한다. 그래서 혹여 내가 조직에 100% 동의하지 않는다 해도, 경영진의 결정이 마음에 들지 않더라도, 회사라는 조직의 성장과 존속에 도움이 된다는 판단이 들면 묵묵히 그 결정을 따르려고 하는 편이다. 조직을 위한 결정이었지만 납득이 안 되는 부분이 있다면 잠시 한발 물러서서 이대로 조직의 결정을 따를 것인지 말 것인지 차분히 생각해보자. 회사의 결정에 따라 계속 업무를 할 것인지, 아니면 퇴사를 할 것인지 말이다. 결국 선택은 내 자유인 셈이다.

이는 근본적으로 순종과는 거리가 멀다. 강요에 못 이겨서 자신의 주장이나 판단 없이 말을 듣는다면 순종적이라고 볼 수도 있지만, 스스로 누군가의 지시를 따르기로 선택한다면 그것은 순종이 아니다. 내가 아이들에게 바라는 것도 가치관에 따라 주체적으로 살아가는 태도, 자기 자신뿐만 아니라 다른 사람도 존중하는 태도다.

💬 강요 없이
아이를 설득하는 방법

무조건적인 순종도 바람직하지 않지만, 그렇다고 규칙이 전혀 없어도 안 된다. 따라서 아이들에게 자발적으로 규칙을 지키는 법을 가르쳐야 한다. 타인과 자신의 안전을 위해 아이들이 자신의 자유만큼이나 타인의 자유도 소중하다는 사실을 깨닫게 한 뒤 규칙을 지키도록 만들어야 한다. 그래야 아이들도 규칙을 강요받는다고 생각하지 않는다. 당연히 만만 찮은 일이다.

규칙 정하기도 중요하지만, 규칙을 아이들에게 설명하는 방법도 중요하다. 예를 들어, 밥 먹기 20분 전 아이가 배고프다고 군것질거리를 달라며 떼쓴다고 상상해보자.

"내가 뭐라고 했니? 밥 먹기 전에 과자 먹지 말라고 했지? 도대체 누굴 닮은 거야? 말 진짜 안 듣네!"

아무리 화가 나도 절대 소리를 지르며 말해선 안 된다. 나 역시 가끔은 성질내듯 말할 때도 있었지만 '쿨한 육아'를 선언하고 난 뒤로는 다음과 같이 말을 한다.

"조이야. 식사 전에 과자나 빵 같은 군것질은 하지 않는 게 좋을 것 같

아. 군것질을 먼저 하면 밥 먹고 싶다는 생각이 안 들거든. 배가 많이 고 프면 작은 당근 하나 먼저 먹을래?"

이렇게 말하면 엄마와 아이 사이에 자존심 대결이 벌어지지 않는다. 오히려 아이에게 중요한 메시지와 가치를 전함과 동시에 아이의 배고픔 을 달래주는 대안까지 제시할 수 있다.

돌이켜보면, 조이의 양치질도 마찬가지였다. 앞으로 딸에게 "양치는 욕실에서 하는 거야. 그러니까 욕실 밖으로 나오지 마. 더 이상 엄마 말 에 말대꾸하지 말고."라고 말하는 대신 "조이야, 욕실에서 양치하는 게 좋을 것 같아. 카펫에 치약이 묻으면 닦기 힘들거든."이라고 하며 왜 욕실

에서 양치해야 하는지 아이가 이해할 수 있도록 도울 것이다.

만일 내가 처음부터 무조건 안 된다고 윽박지르지 않고 상황을 설명했더라면 딸아이도 내 말을 이해했을 것이다.

"좋아, 하지만 치약 안 떨어뜨린다고 약속해줄래?"

"응. 봐, 치약 안 떨어지게 조심하고 있어."

아이가 부모에게 "조심하고 있어, 엄마! 자, 카펫에 치약 안 떨어졌지?"라고 말할 수 있는 환경을 만들어주자. 이 환경에서는 자연스레 아이에게 책임감을 가르쳐줄 수 있다. 부모와 아이 사이에 불필요한 말다툼도 일어나지 않을 테고, 당연히 카펫에도 치약이 떨어지지 않을 것이다. 아이가 좀 더 조심할 테니까. 나중에 펜이나 물건을 갖고 놀 때도 카펫을 더럽히지 않으려 노력할 것이다! 그런 의미에서 아이에게 말 좀 들으라고 재촉하는 것보다는 책임감을 가르쳐주는 게 훨씬 더 효과적이다.

아이에게 해도 되는 일과 하지 말아야 할 일을 나누는 이유는 무엇일까? 왜 아이들이 그렇게 하지 말아야 하는지 생각해보면 정작 어른들도 그 이유를 잘 모를 때가 있다. 솔직히 어른들이 아이들에게 무엇인가 하지 말라고 하는 진짜 이유는 따로 있다. 아이들이 우리가 원하는 방식으로 행동해주길 바라기 때문이다. 하지만 훈육에 앞서 이것이 누구를 위한 행동인지 곰곰이 잘 판단해야 한다.

아이를 권위적으로 대하지 않으려면 어떻게 해야 할까?

아이를 교육한다는 것은 근본적으로 무엇일까? 나는 이 같은 질문을 블로그에 올렸고 다양한 사람들과 여러 이야기를 나누며 한 가지 답을 얻을 수 있었다. 교육이란 가치를 전달하고 아이들을 성숙하고 행복한 어른으로 기르는 일이다. 이 과정에서 가장 많이 인용되는 가치는 존중, 친절, 이타심, 관용, 너그러움, 자신감, 자애심, 호기심이다. 순종은 이러한 가치 속에 들어가지 않는다.

교육이 우선적으로 추구해야 할 목표에 대해서는 모든 사람이 비슷하게 생각하지만, 그 목표 달성을 위해 쓰는 방식은 각 가정마다 다르다. 그럼에도 불구하고 어느 집에서나 볼 수 있는 공통적인 모습이 하나 있다. 타고난 본능인지 문화적인 습관인지 모르겠지만, 우리 부모들은 종종 아이들에게 각종 체벌이나 윽박으로 권위를 내세운다(어느 가정에서나 비슷한 장면이 목격된다).

"이번에도 말 안 들으면 너만 장난감 없는 줄 알아."

"열 셀 때까지 어서 눈 감아."

"얌전히 굴지 않으면 친구 생일 파티에 못 갈 줄 알아!"

"셋 셀 때까지 안 오면 각오해. 하나, 둘…"

여기서 간단한 질문을 하나 해보자. 체벌 또는 윽박만으로 우리가 소중하게 생각하는 존중, 친절, 이타심 등의 가치를 아이들에게 잘 전달할 수 있을까?

● 혼내지 않고
아이에게 가치를 전달하는 방법

체벌하거나, 혼내고 구석에 서 있게 하거나, 디저트를 못 먹게 하거나, 생일 파티에 못 가게 한다고 가정해보자. 아이 스스로 왜 이런 벌을 받아야 하는지 제대로 이해할 수 있을까?

마침 아이들이 싸우고 나서 열흘이 채 되기도 전에 비슷한 이유로 사소한 다툼이 벌어졌다. 그때 우리 부부는 부모의 훈육 태도에 따라 아이가 어떻게 대처하는지 함께 실험해보기로 했다. 다음 두 이야기는 실제 있었던 일로 다소 말투가 거칠더라도 당시에 일어난 상황과 주고받은 대화를 정확히 있는 그대로 들려주고자 한다.

첫 번째 이야기: 혼내고 벌주기 <전통 육아 방식>

'장난 끝에 싸움 난다'는 프랑스 속담이 있다. 당시 우리는 평소에 자주 하던 게임을 하고 있었다. 순서대로 돌아가면서 각자 옆 사람의 코를 손가락으로 만지는 게임이었다. 유명한 속담처럼 게임 중 조이는 손가락 두 개로 남동생인 레옹의 눈을 찌르고 말았다. 물론 실수였지만 레옹은 울고불고 소리를 지르기 시작했고 게임의 분위기가 심상치 않게 흘러갔다. 이때 보호 정신이 투철한 남편, 자칭 '쿨한 아빠'가 얼른 달려가 소리쳤다.

"너 머리가 어떻게 된 거 아냐? 도대체 무슨 짓을 한 거야?"

이번에는 잔뜩 겁을 먹은 조이가 서글피 울어댔다.

"동생에게 미안하다고 해!"

"…"

"미안하다고 말하라고, 조이!"

"…"

"마지막 기회야. 정말 미안하다고 사과 안 할 거야?"

"…"

"그럼, 저기 구석에 서 있으면서 뭘 잘못했는지 생각해!"

조이는 더 큰 소리로 울면서 구석으로 갔다. 그로부터 5분이 지나자 남편은 이제 그만 벌세우자는 생각이 들었는지 조이에게 마지막으로 한 번 더 동생에게 사과하라고 말했다. 조이는 마지못해 겨우 사과했다. 잠시 후, 나는 조이와 이야기를 나누며 조금 전 사건에서 느낀 점을 물었다.

"아빠가 날 혼냈어. 아빠는 날 사랑하지 않아."

"그런데 아빠가 왜 널 혼냈을까?"

"몰라."

나는 조이에게 조금 전 있었던 일을 다시 설명했다. 그리고 동생이 아파하는 모습을 봤을 때 슬펐냐고 물었다. 조이는 조그만 목소리로 "응"이라고 대답하고는 아빠의 품으로 달려가 아빠와도 화해했다.

두 번째 이야기: 벌주지 않기 <긍정 육아 방식>

우리는 조이와 그림카드 놀이 중이었다. 레옹도 하고 싶어 했지만, 게임의 규칙을 몰라서 한 번에 카드 10개를 집었다. 조이는 레옹에게 그만하라며 밀어버렸고, 레옹은 카펫 위로 나동그라졌다. 모두의 예상처럼 레옹은 울기 시작했다. 나는 조이를 혼내지 않고 우는 레옹을 안으며 이렇게 말했다.

"미안, 레옹! 누나가 너를 다치게 하려고 일부러 그런 게 아냐…"

레옹에게 이렇게 말한 것은 다 생각이 있어서였다. 동생에게 못되게 굴지 말라고 혼내기보다 조이 스스로 동생에게 잘해주고 싶다는 마음이 저절로 우러나오게 하고 싶었다. 그렇다고 레옹을 지나치게 달래주지도 않았다. 여기서의 핵심은 조이가 레옹의 우는 모습을 보고 자기 잘못을 깨우치도록 유도하는 것이다.

조이는 레옹의 눈물을 보며 불안한 표정을 지었다. 레옹에게 미안해하는 것 같았다. 그렇다고 나는 심판자처럼 조이에게 어떻게 하라고 지시하거나 혼내지 않고 조이 스스로 잘못을 바로잡을 때까지 기다렸다.

"레옹을 위해 우리가 할 수 있는 일은 뭘까?"

"음… 내가 레옹을 안아주면 될 것 같아."

조이는 레옹을 다정하게 안아주었다.

"미안해, 레옹. 자, 오르골 상자 보여줄게."

부모가 먼저 모범을 보이면(예를 들어, 레옹을 달래면) 아이가(조이가) 따뜻한 행동을 할 때가 있다. 레옹이 괜찮아지자 나는 조이에게 이렇게 말했다.

"봐, 네가 안아주고 미안하다고 했더니 레옹이 이제 괜찮아졌어. 레옹이 아프면 너도 마음 아프잖아. 그렇지?"

우리는 다시 아무 일이 없었다는 듯 그림카드 놀이를 했다. 이번에는 놀랍게도 조이가 먼저 레옹에게 같이 놀자고 했다. 이쯤이면 작전 성공인 셈이다.

여기서 얻을 수 있는 교훈은 무엇일까? 첫 번째 이야기에서 조이는 부모의 압박 때문에 마지못해 사과했다. 그런데 두 번째 이야기에서는 조이 스스로 동생 레옹에게 미안하다고 했고, 다시 같이 놀자는 말까지 덧붙였다. 우리의 어떤 훈육 태도 때문에 조이의 행동이 달라졌을까?

다시 첫 번째 이야기를 살펴보면 우리 부부는 애초 조이에게 생각할 시간을 주지 않았다. 오히려 조이를 비난 투로 윽박지르며 대립각부터 세웠다. 조이는 자기 행동을 후회해서가 아니라 제대로 된 설명 없이 부모에게 혼나다 보니 눈물을 흘렸다. 감정에 북받친 나머지 부모의 말을 들을 여유는커녕 무슨 일이 일어났는지 이해할 마음조차 없었다. 더군다나 조이는 동생 때문에 혼났다는 생각에 동생에게 미안하다고 말하지 않았다(이런 상황에서 아이들은 질투부터 한다). 그뿐만 아니라 조이 나름대로의 죄책감도 동생에게 사과하기 어렵게 만들었을 것이다.

우리 어른들도 이와 비슷할 때가 있다. 만약 좁은 골목길에서 상황상 자동차 앞을 막아선 것이 우리의 잘못이라고 하더라도, 막상 운전자에게 쓴소리를 들으면 사과할 마음이 싹 사라진다. 아이들도 마찬가지다.

반대로 두 번째 상황에서 조이는 진심으로 사과한 후 다시는 그러지 않겠다고 했다. 아이에게 상황을 제대로 이해시키고 싶다면 '너'라고 하며 비난하듯이 혼내지 말고("네가 무슨 짓을 했는지 알겠지!") 상황을 객관적으로 설명해야 한다("불쌍한 레옹, 많이 아파 보여."). 싸움이 나면 아이가 자기 행동으로 인해 어떤 일이 벌어졌는지 스스로 관찰한 다음, 공감하거나 슬픔을 느낄 수 있게 시간을 줘야 한다. 아이의 잘못을 나무라며 무조건 벌주면 역효과가 생길 뿐이다. 소리 높여 혼내면 아이는 오히려 잘못을 인정하지 않을 뿐만 아니라 미안하다고도 하지 않는다. 결국 아이는 책임감을 느끼지 못하는 사람으로 자란다.

쿨한 부모 행복한 아이

꼭 기억하자!

억박지르거나 벌을 줘서 강제로 받아내는 '사과'는 아무 소용이 없다. 그렇게 아이에게 강제로 사과를 받아봐야 잠시 승리감에 취해 나의 권위가 통했다는 착각에 빠질 뿐 아이에게 근본적인 변화는 없다.

💬 일상생활에서 규칙을 잘 지키는 아이

결과를 논리적으로 설명하는 방법

모든 문제는 말투에서 비롯될 때가 많다.

"너 숙제 안 했으니까 TV 보지 마!"

이와 같은 말은 벌을 주는 것이다. 뉘앙스가 다르게 다음과 같이 말한다고 해보자.

"○○아, TV 좋아하는 거 알아. 그런데 내일 가져갈 숙제를 아직 다 못 끝냈잖아. 숙제를 끝내지 않으면 이따가 TV 볼 시간도 별로 없을 것 같은데."

이는 아이에게 왜 TV를 보지 못하게 하는지 이유를 논리적으로 설명하는 방식이다.

또 다른 예로 "잘못했으니까 저기 구석에 가서 서 있어."라고 말하면서 벌주는 것보다는 "미안하지만, 거실에 있으면 안 돼. 그렇게 소리를 지르면 모두 불편해하거든. 그러니까 같이 방으로 가자."라고 말해 보자. 왜 여기에 있으면 안 되는지 이유를 논리적으로 설명하는 방식이 된다.

아이의 행동으로 인해 문제가 생기면 그에 대해 합리적인 방식으로 벌줄 수 있다. 그러나 어른이 기분 내키는 대로 아이에게 '고통'을 주는 것은 제대로 된 벌이 아니다.

> 아이가 규칙을 지키게 하려면 벌은 필요하다. 대신 규칙을 지키지 않으면 어떤 일이 일어나는지 아이에게 알기 쉬운 예시를 말해주면 된다. 규칙이 없으면 그 누구도 도로교통법을 지키지 않아 사람들이 아무 데나 차를 세울 것이고, 결국 아무도 살 수 없어진다고 가르쳐주자.

법에도 벌이 있다. 범죄자에 대한 처벌을 이야기하는 것이 아니다. 벌금을 예로 들어보자. 벌금은 사람들의 시민의식이 떨어졌을 때 경각심을 심어주는 역할로 작용한다.

부모 역시 가정에서 이런 인위적인 처벌을 만들고 아이들에게 지키도록 강요한다. 문제는 이런 인위적인 처벌이 임시 방책에 불과하다는 점이다. 실제로 행동에 대한 반성을 이끌어내지 못하는 인위적인 처벌은 오히려 개인의 인식과 비판의식 기르기에 방해가 되지 않을까?

내가 우리 아이들에게 심어주고 싶은 가치는 정확히 책임감이다. 인위적인 방법으로 아이들의 행동을 조종하고 싶지는 않다. 건설적이지 않은 벌과 힘으로 아이들을 강요해봐야 아무 효과도 없기 때문이다. 이런 식의 벌은 효과가 있기는커녕 오히려 해로울 수도 있다.

💬 장기적인 '폭력'이
만들어내는 결과

잠투정 심한 아이의 볼기짝을 때리면 아이는 한동안 얌전히 잠을 잘 것이다. 과연 이것이 오래갈까? 안타깝게도 말 잘 듣는 아이들을 만들자고 행하는 벌주기, 볼기짝 때리기, 비속어 사용과 같은 '폭력'은 효과가 오래가지 못한다.

물론 경우에 따라서는 아주 엄격한 교육을 받고 자랐음에도 불구하고 호탕한 성격으로 매우 성공적으로 사는 사람들도 있다. 하지만 이런 식으로 권위를 내세우는 방식은 아이의 성향을 고려하지 않은 육아 방식으로 자칫 부정적인 결과를 일으키기도 한다.

낙담

하나같이 일이 안 풀리고 아이들 때문에 화가 치밀어 오르는 날이 있다. 나 역시 15분 간격으로 세 번이나 연달아 조이를 혼낸 적이 있다. 조이가 회전목마 입장권을 돌려주려고 하지 않아서, 내 휴대폰을 떨어뜨려서, 동생 레옹과 과자를 나눠먹지 않으려 고집을 세워서였다. 조이는 투덜대며 혼자 그네를 타러 나갔고, 내가 잠시 이야기 좀 하자고 할 때까지 토라져 있었다. 내게 연속으로 세 번이나 꾸중을 듣자 주눅이 들면서 자신을 부정적으로 바라보며 자신감을 잃었던 것이다. 어른이나 아이나 누구나 보일 수 있는 반응이다.

"○○씨, 이번 주에도 어이없는 실수를 했더군요. 하나라도 일 처리를 정확히 해야 모두 ○○씨의 의견에 귀를 기울일 겁니다."

직장에서 한참 팀 회의를 하고 있는데 예기치 못하게 갑자기 상사가 이처럼 냉담하게 말을 했다고 상상해보자. 맥락 없이 모욕당하면 누구라도 마음의 상처를 받는다. 이 상태에서는 상사가 어떠한 말을 해도 절대 귀에 들어오지 않는다. 누구나 창피해하고 상처를 받으며, 힘이 빠지고 의욕이 사라진다. 그 부작용으로 극도의 긴장감으로 인해 하지 않던 실수도 하게 되고 더 이상 최선을 다하려고도 하지 않는다.

아이도 마찬가지다. 볼기짝을 맞거나 냉담하게 무시당하면 창피해하고 움츠러든다. 결국 아이는 자기 자신을 부정적으로 바라보며 더 잘하려고 노력하지 않는다. 이런 일이 지나치게 자주 반복되면 아이는 자신감과 자존감을 잃어버리고 자주 엇나가는 모습을 보인다.

악순환

아이마다 성격에 따라 보이는 반응도 다르다. 부모가 혼낼 때, 고분고분한 성격의 아이들은 주눅들거나 상처 받는다. 하지만 자기주장이 좀더 강한 성격의 아이들은 대들기도 한다.

"엄마가 식탁에서 똑바로 앉지 않으면 방으로 보내버린다고 한 말, 이번이 벌써 세 번째예요. 그냥 내가 얌전히 앉아 조용히 식사하면 되잖아요. 하지만 엄마가 윽박지르면서 먼저 싸움을 걸었으니 이겨보려고요."

혹은 이렇게 말하는 아이들도 있다.

"이번에만 엄마 말 듣고 다음번에는 절대 엄마 말 안 들을 거야. 흥!"

아이를 굴복시키고 싶은 부모와 굴복 당하지 않으려 버티는 아이 사이에서 자존심 싸움이 시작된다. 이런 싸움은 부모와 자식 모두에게 에너지 낭비일 뿐만 아니라 서로의 관계까지 나빠진다. 교육적인 효과는 하나도 없다.

1장 도입부에서 언급한 기본 원칙을 다시 떠올려보자. 순종은 그 자체로 교육의 목적이 아니다. 부모가 아이와 쓸데없는 자존심 싸움을 하지 않으려면 아이의 입장에서 공감할 줄 알아야 한다. 입장을 바꿔, 남편 또는 아내로부터 아이에게 윽박지를 때 했던 말을 그대로 듣는다면 어떻게 반응하겠는가?

또 하나 알아둬야 할 사실이 있다. 물론 내가 아동 전문가가 아니지만 주변을 살펴보면 억압적인 부모 밑에서 자란 아이일수록 건방진 성격을 갖게 될 확률이 높다는 것을 종종 느낀다. 모욕감을 자주 느낀 아이는 건방진 성격을 지닐 확률이 높다.

어느 날, 친구의 집에서 열린 파티 때 처음 만난 두 엄마가 생각났다. 파티를 즐기던 우리는 자연스레 육아관에 대해 서로 의견을 나눴다. 그중 유쾌한 성격을 가진 한 엄마는 새로운 교육법이 필요하지 않다고 태평한 목소리로 말했다.

"아이 셋을 대할 때 태클을 걸고 또 걸어요. 첫째와 둘째에게도 그렇고, 생후 18개월인 막내에게도 그렇게 하죠. 솔직히 저는 이 방법이 효과가 있어 보여요."

모두들 그녀의 이야기에 집중했다. 잠시 후 그녀는 어린 막내가 독재자처럼 막무가내라고 했다.

"우리 아이는 꼭 작은 독재자 같다니까요. 그렇기 때문에 더 가만 두면 안 돼요. 첫째와 둘째 딸들은 좀 더 얌전해졌지만(그녀만의 교육법이 통한 것이다) 그중 하나는 그만 학교 운동장에서 다른 아이에게 간식을 다

빼앗겼지 뭐예요."

　섣불리 판단할 수 있는 문제는 아니지만, 그녀의 교육 방식과 자녀들의 행동 사이에 우연의 일치일지는 몰라도 서로 관계가 있을지 모른다는 생각이 들었다. 무조건 고분고분 말을 잘 듣게 아이를 교육시키면 아이는 크게 다음과 같은 두 가지 성향 중 하나를 보인다.

　첫 번째 성향으로는 자기밖에 모르고 모두가 자기에게 복종해야 한다고 생각하는 '독재자 같은 아이'다. 이런 성향의 아이는 성장을 하며 고집 세고 까다로운 성격으로 자라 웬만해서는 지지 않으려 한다. 언제나 대립 상황에서 어른이 이기기 때문에 아이는 다음에 더 세게 나가야 한다는 생각을 갖는다. 따라서 다음 자존심 대결에서는 이기려고 애쓴다.

　두 번째 성향은 '순한 아이'다. 이 아이는 하라는 대로 하기에 모든 일이 무난하게 풀린다. 하지만 나중에 강자에게서 자신을 방어하지도 못하고, 다른 사람들에게 거절도 못하며 자신감을 갖기 힘들어진다. 결국 학교에서 간식을 뺏겨도 가만히 있는 아이가 된다.

　물론 무조건 꼭 이렇다는 것은 아니다. 아이의 기질에 따라 행동이 달라질 수도 있다. 태어나면서부터 위압적인 성격의 아이들이 있는가 하면, 소심한 성격의 아이들도 있다. 모든 것이 반드시 부모의 탓만은 아니다. 그래도 솔직히 생각해볼 여지는 있는 문제다.

자신감 없는 아이

블로그를 찾는 독자들에게 이런 질문을 한 적이 있다. 바로 전통적인 엄한 교육을 받고 자라면서 겪은 가장 큰 불만이 무엇이었는지였다. 이 질문에 독자들의 대답은 놀랍게도 비슷했다.

"어머니에게는 사랑과 배려를 많이 받았지만 아버지에게는 '엄한' 교육을 받았어요. 늘 부모님은 제게 '친절하고 예의바르게 굴어라. 말 잘 듣고 말대답하지 마라.'는 말을 달고 사셨죠. 그 때문인지 지금의 저는 자신감이 많이 부족한 것 같아요. 굳이 받아들이지 않아도 될 것을 받아들이고, 미안해하지 않아도 될 일에 사과를 하죠. 그렇게 교육받고 자랐으니까요. 사회에서 저는 예의바르다는 칭찬을 받지만 속으로는 괴로울 때가 많아요. 그렇다고 전부 다 잃은 것은 아닙니다. 이제라도 제가 이런 사실을 깨달았으니 우리 아이만큼은 제가 받았던 교육과 달리 키울 거예요."

물론 이와 같은 교육을 받았다고 해서 모든 사람이 위 사례자처럼 사는 것은 아니다. 성격 외에도 경험, 만남 등 다른 외부 요소들이 작용하기 때문이다. 하지만 심리 상담을 받는 성인 중에는 어린 시절, 위 사연과 비슷한 경험으로 괴로워하는 사람들이 많다. 자신감이 부족하여 온전한 자신으로 살아가지 못하는 것이다. 제대로 사랑받지 못했다는 기분에 사로잡혀 있기도 하다. 이들은 자신을 부정적으로 인식하기 때문에 개성을 용기 있게 드러내지 못한다. 깊이 파고들면, 이들이 가진 문제의 근본적인 원인이 어린 시절 자존감을 꺾는 부모님의 교육 방식에 있다는 사실을 깨닫게 된다. 타고난 성향과 맞지 않는데도 부모의 기대에 맞춰야 한다는 압박에 시달렸던 것이다.

언론에 나오는 아동학대를 받으며 자란 사람들의 이야기가 아니다. 그저 아이들에게 기대가 많은 평범한 부모를 가진 사람들의 이야기다. 이들의 부모는 교육이라는 명목으로 창피를 주고, 엄격한 명령을 내리고 다소 폭력적인 처벌을 하면서 아이의 자신감을 꺾어버렸다. 이렇게 자란 아이들은 학교생활에서 소극적인 자세로 기가 죽은 채 말을 제대로 못하거나, 앞에 나가 발표하는 것을 꺼리거나, 잘 모르는 그룹 안에서 불편해하다 보니 다른 아이들에게 놀림감이 된다. 칭찬해주고 기 살려주는 부모를 만나지 못했을 뿐인데 말이다. 반대로 부모는 자신의 아이들이 말썽 안 피우고 얌전하다고 뿌듯할지 모르겠지만 아이 입장에서 생각했을 때 과연 좋은 것일까?

부모에게 배운 대로 남을 대하는 아이

친구(이하 '마르셀')와 이야기하면서 사람은 어릴 때 부모에게 배운 대로 남을 대한다는 사실을 깨달았다. 마르셀과 그의 형제들은 소위 전통적인 교육을 받고 자랐다. 말하자면 엄한 교육을 받고 자란 것이다. 부모의 지시에 토를 달아서는 안 되는 가정환경이었다. 부모의 지시대로 즉각 따르지 않거나 조금만 잘못 행동해도 지적과 비난이 따랐다.

지금의 마르셀은 호감형으로 주변으로부터 많은 칭찬을 듣는다. 그렇다면 엄한 부모 밑에서 자랐던 시간은 옛 추억거리로만 회자될 수 있을까? 희한하게도 마르셀 역시 자신의 부모를 닮아 아이들에게 엄한 면이 있다. 엄했던 자신의 부모처럼 마르셀은 자신의 가정을 권위적으로 대한다. 그가 아이들과 아내와 맺는 관계에서는 늘 긴장감이 흐른다. 그의 입에서 나오는 소리는 지적과 비판뿐이다. 모든 것이 자신의 뜻대로 되어 있어야 직성이 풀린다. 평상시 일방적인 소통 방식이 뿌리 박혀 있음에도 불구하고 마르셀은 자신의 행동에 문제가 있음을 알아채지 못했다. 그는 다른 방식으로 소통하는 법을 모르는 것이다.

일상에서 나는 이런 경우를 꽤 흔히 볼 수 있다. 한쪽 배우자가 억압적이어서 상대방 자존심에 상처를 주고, 비방을 일삼아 결국에는 헤어지는 커플이 많다. 나의 동료 장 이브 역시 이른바 '꼰대' 스타일의 남자로 지시대로 되어 있지 않으면 참을 수 없어 했다. 조금이라도 마음에 들지 않으면 꼬투리를 잡으며 지적질을 일삼았다. 군인 가정에서 자란 그는 권위를 당연한 가치로 생각했다. 동료들과 동등한 입장에서 일하는 것 자체를 몰랐다. 언뜻 보기에도 그가 소통 방식을 바꾸려면 많은 노력이 필요해 보였다. 만약 이러한 결과가 어릴 때 받은 교육과 관계가 있다면 앞으로 어떤 방식으로 해결해 나가야 할까?

꼭 기억하자! 부모가 아이를 힘으로 누르려 하면 아이는 주눅이 들고 더 나아질 생각도 하지 않는다. 설령 아이가 부모에게 다음에 또 혼나지 않으려고 노력한다 해도 부모의 꾸중에 못 이겨 마지못해 말을 듣는 척 행동한다고 생각할 수 있다. 아이가 자발적으로 달라지는 데 전혀 도움이 되지 않는다.

쿨한 부모 행복한 아이

🗨 아이들이 세상을 배우는
첫 번째 방법

아이들이 처음 타인과 소통하는 방식은 대개 부모에게서 배운다. 이것은 심리학을 공부하지 않아도 충분히 알 수 있는 사실이다. 예를 들어, 친구의 부모나 형제자매를 처음 만나게 된 경우 친구의 평소 행동이며 말투가 가족과 비슷하다는 사실을 느껴본 경험이 있을 것이다. 이때 우리는 다양한 스타일의 가정을 목격하게 된다. 감정을 표현하지 않는 가족이 있는가 하면, 반대로 매우 개방적인 가족도 있다. 마찬가지로 목소리를 높이며 싸우듯이 이야기하는 가족이 있는가 하면, 말끝마다 유머가 넘치는 가족도 있다. 친자든, 입양아든 우리의 의사소통 방식은 부모에게서 영향을 많이 받는다. 이는 환경이 중요하다는 뜻이다.

극단적인 사례이지만 부모로부터 맞고 자란 아이가 부모의 폭력성을 그대로 닮는 것이 대표적이다(이는 통계를 통해서도 어느 정도 확인 가능한 사실이다). 부모에게 맞고 자란 사람은 이다음에 커서 자식을 때릴 확률이 높다. 이런 사람은 자신이 부모에게 당한 것을 그대로 아이에게 갚아주려는 것이 아니다. 그저 폭력이 아닌 다른 방식으로 소통하는 법을 모를 뿐이다. 무의식적으로 부모를 보고 배운 결과라는 이야기다. 이런 사람은 다른 사람과 소통할 때 권위적이거나 폭력적인 모습을 보인다. 행동 방식을 바꾸고 싶어도 쉽지 않다. 이런 사례가 굳이 아니더라도, 부모가 되면 의식적이든 무의식적이든 어릴 때 자신의 부모에게 받은 교육을 상당 부분 그대로 따라한다. 잠재된 학습의 발현이다.

거울 효과

"엄마, 고막 터지겠어."

어느 날 조이는 내게 이런 말을 했다. 순간 나는 입에 테이프를 붙인 듯 아무 말도 하지 못했다. 짜증 섞인 퉁명스러운 말투였지만 조이를 나무라지는 않았다. 조이는 그저 언젠가 어느 어른에게서 들은 말을 그대로 따라한 것뿐이었으니까.

평소 아이가 또래 친구들에게 다음과 같이 명령 내리듯이 말하고 윽박지른다고 해보자.

- "아니, 곰 인형이 아니라 장난감 자동차를 갖고 놀 거야. 너 거기에 앉아. 그리고 장난감 트럭에 손대지 마. 안 그러면 우리랑 못 놀 줄 알아!"
- "내가 말할 때는 그냥 들어!"

- "그만해. 안 그러면 너랑 말 안 해!"

이렇게 말하는 아이는 평상시 부모든, 선생님이든, 베이비시터든, 친구들이든 명령하거나 윽박지르는 말을 들으며 자랐을 가능성이 높다. 예를 들면, 이런 말들이다.

- "아니, 회전목마 타러 안 가. 그냥 그런 줄 알아. 고집 좀 그만 부려. 결정은 엄마, 아빠가 하는 거야."
- "저기에 앉아."
- "비켜. 가만히 좀 있어."
- "계속 그렇게 징징거리면 아이스크림 안 사줄 거야."

부모의 말투 때문에 아이가 명령조로 말하는 것이라며 죄책감을 느끼게 하려는 뜻은 아니다. 아이들 역시 대체로 자기주장을 내세우며 말하기 때문이다. 하지만 우리는 여기서 한 발짝 더 나아가 거울 효과를 생각해 볼 필요는 있다고 본다. 거울은 거짓말을 하지 않고 있는 그대로 보여주니까 말이다. 아이는 부모를 거울처럼 보고 배운다. 아이들은 거짓말을 하지 않는다.

그렇기 때문에 아이에게 무슨 말을 하느냐보다는 아이에게 어떻게 말하느냐에 더 신경 써야 한다. 우리의 말투를 그대로 기억해 배우기 때문이다. 아이는 주변 어른들의 말투를 그대로 배워 다른 사람들에게 써먹는다. 따라서 아이가 규칙을 지키고 다른 사람을 존중하는 법을 배울 수 있도록 말투에 신경 쓰자.

그런데 식탁 주변에서 뛰지 말라고 네 번이나 말했는데 아이가 유리잔을 깨뜨렸을 때, 혹은 아이가 휴대폰을 변기 속에 던진 것이 다섯 번째일 때 우리는 어떻게 해야 할까? 화내지 않으면서 효과적으로 가르치려면 어떻게 해야 할까? 그러니까 우리의 좋은 의도를 실제로 아이에게 어떻게 전달할까? 이 방대한 이야기는 뒤에서 다루려고 한다.

꼭 기억하자!

부모가 아무리 좋은 의도를 가졌다고 해도 아이가 기억하는 것은 부모의 태도다. 부모가 아이를 대할 때 억압적이고 권위적이며 명령조나 위협하듯이 말하면 아이 역시 다른 사람들을 그렇게 대한다. 유연하고 공감하는 새로운 소통 방식을 익히려면 정말로 많이 노력해야 한다. 실제로 자기 자신을 바꾸는 작업과도 같다. 어렵지만 부모와 아이 모두를 위해 필요하다.

신경과학으로 보는
교육

최근 아이들의 두뇌 작동 원리를 조사한 연구 결과를 보면 우리의 교육법에 의문을 갖게 된다. 연구 결과에 따르면 아이들은 무엇보다도 모방을 통해 배운다. 거울 신경 세포 덕이다. 특히 성인이 되어 본 것보다는 어릴 때 본 것에 더 영향을 많이 받는데, 여기에는 그럴 만한 이유가 있다.

거울 신경 세포

캘리포니아대학의 두뇌인지연구소를 이끄는 빌라야누르 라마찬드란^{Vilayanur S.} ^{Ramachandran} 박사는 "심리학에서 거울 신경 세포는 생물학에서 유전자^{DNA}와 같은 개념입니다. 거울 신경 세포를 통해 지금까지 잘 알려지지 않은 정신적인 성향의 상당수가 종합적으로 밝혀지고 있습니다."라고 힘주어 이야기한다.

거울 신경 세포가 하는 놀라운 일은 무엇일까?

우리는 다른 사람을 관찰할 때 거울 신경 세포를 통해 관찰 대상의 몸짓, 감정, 말을 머릿속에서만 흉내 낸다. 이를 '공감'이라고 한다. 실제로 우리 두뇌는 '하는 것을 상상하는 행위'와 '직접 실행하는 행위'를 똑같이 인식한다. 다행히 우리 몸의 다른 기관들 덕분에 상상한 것을 직접 실행하지 않고 자제할 수 있다.

거울 신경 세포를 통해 배우는 우리의 학습 방식

우리는 다른 사람들이 행동하거나 말하는 것을 지속적으로 관찰하면서 몸짓, 억양, 감정 표현을 그대로 배우게 된다. 이러한 학습과정은 아기 때부터 시작된다. 예를 들어, 아기에게 혀를 날름 내밀면 아기도 똑같이 따라한다.

아이는 부모의 장단점과 의사소통 방식을 무의식적으로 습득한다. 과학적으로도 밝혀진 사실이다. 우리가 아이를 대하는 방법을 바꾸면 우리 자신의 행동도 그만큼 바꿀 수 있다. 물론 형제와 자매라도 완전히 같지는 않다. 기질이란 유전 형질, 경험이 어우러져 만들어지기 때문에 각자 고유한 기질을 지니게 된다.

끝없이 성장하는 아이의 두뇌

아주 어릴 때 배우고 느낀 것은 어른이 되어서 배우고 느낀 것보다 두뇌에 영향을 많이 끼친다. 왜 그럴까? 아이의 두뇌는 5~7세 때 제일 유연하다. 두뇌는 유연해서 평생 성장할 수 있지만, 성장 속도는 5~7세 때가 가장 빠르다. 뇌세포 뉴런들이 매우 빠른 속도로 연결되는 덕이다. 성인이 되면 횟수가 10번 미만으로 떨어지는 뉴런의 연결이 5~7세에는 700~1,000번이나 연결된다. 이 같은 뉴런의 연결을 가리켜 '시냅스'라고 한다. 뉴런들이 연결될 때는 아이가 무엇인가 인식하고 듣고 경험할 때다. 고로, 시냅스는 유전자와 후천적 경험의 영향을 동시에 받는다. 빈번한 경험일수록 뉴런들의 연결고리가 단단해진다. 대략 8세 이후 이러한 시냅스 중 상당수는 사라지고, 새로운 시냅스는 느린 속도로 만들어진다. 가장 단단한 것은 남고 제일 약한 것은 사라지는 셈이다. 다행히 실망하기에는 아직 이르다. 성인이 되면 어릴 때보다 시냅스의 수가 세 배

정도 적어져 학습 속도는 상대적으로 느려지지만 가장 많이 경험하고, 관찰하고, 보고, 들은 특정 분야에서 전문가가 되기 때문이다.

어쨌든 이 시기(5~7세)에 받은 영향은 결정적인 역할을 한다. 이때 반복적으로 부정적인 경험을 한 데다 동기를 가질 자극이 없으면 그 영향이 깊고 오래간다. 이후에도 변할 수는 있지만 아주 많은 노력이 필요하다. 그러므로 집안 분위기를 망치면서까지 하는 아이 교육은 문제가 있다. 우리가 아이를 교육하는 첫 번째 목표는 아이에게 기쁨, 신뢰, 경험, 애정, 공감과 경청으로 이루어진 환경을 마련해주기 위해서가 아닌가! 이를 통해 아이가 지적으로나 기질적으로나 올바르게 발달할 수 있는 분위기를 조성할 수 있다. 집안 분위기를 교육의 장으로 생각하고 신경 쓰자. 그리고 우리 자신부터 아이들을 위해 가장 모범적인 모습을 보여주자.

참고 자료

- Giacomo Rizzolatti et Corrado Sinigaglia, 〈*Les neurones miroirs*〉(거울 신경 세포), Odile Jacob, 2008.
- Jean-Pierre Bourgeois, 〈*The Neonatal Synaptic Big Bang*〉(신생아의 시냅스 빅뱅), Cambridge University Press, 2009.
- Hugo Lagercrantz, 〈*Le cerveau de l'enfant*〉(아이의 두뇌), Odile Jacob, 2008.
- http://developingchild.harvard.edu

2장

아이에게
언제나
다정하게
대하자

아이들이 엉뚱한 짓을 할 때
어떻게 해야 할까?

"식탁 두드리지 말라고 했잖아!"

"주방에 들어가지 마!"

"안 돼, 양초 만지지 마. 몇 번을 이야기해?"

"이런, 가위는 갖고 놀면 안 돼!"

"젖병을 바닥에 던지면 안 돼, 깨진단 말이야!"

"그런 거 입안에 넣지 마. 목에 걸리면 어떡하려고 해!"

......

24개월 이하 아이를 둔 주변 이웃 가운데는 아이의 돌발 행동을 못하게 막느라 늘 피곤하다고 호소하는 사람들이 많다. 생후 18개월로 접어든 레옹 역시 특별히 큰 문제를 일으키지는 않았지만, 가만히 지켜보면

의외로 엉뚱한 행동을 많이 했다. 15분 간격으로 그림카드를 입에 집어넣거나, 손수건 상자의 뚜껑을 열어보거나, 예쁜 식탁을 숟가락으로 탕탕치거나, 뜨거운 찻잔에 손을 넣거나, 빵으로 버터를 긁거나, 젖병을 바닥에 떨어뜨리거나….

그러나 우리 부부는 레옹을 다루기 힘든 아이라고 생각한 적은 없었다. 다만 같은 개월 수를 비교해보면 레옹이 누나보다 가만히 있지 못하는 성격이라고 생각했다.

우리 부부가 레옹이 거슬리는 행동을 해도 느긋하게 봐주는 이유는 무엇일까? 레옹 또래의 아이는 두뇌가 미성숙해 이런 행동을 하는 것이 정상이기 때문이다. 1장 〈신경과학으로 보는 교육〉(45페이지)에서 살펴봤듯이 아이의 두뇌는 계속 자란다. 새로운 경험을 할 때마다 아이의 두뇌에서는 새로 시냅스가 만들어진다.

아이는 새로운 것을 발견하고, 탐험하고, 실험하려 한다. 그렇게 배우는 과정에서 자잘한 사고가 생기는데, 이를 두고 우리는 예측 불가능한 어리숙한 행동이라고 생각한다. 그러나 정확히 말하면 어린아이들이 충분히 저지를 수 있는 '미숙한 실수'일 뿐이다.

레옹도 마찬가지다. 레옹이 테이블을 두드리거나 뜨거운 찻잔에 손을 넣는 것은 새로운 소리와 감촉을 경험하려는 것이다. 그림카드를 입에 가져가는 것 또한 놀이를 망치려고 하는 행동이 아니라 그저 이로 씹는 연습을 하려는 것이다. 레옹이 빵으로 버터를 긁는 것은 어른들의 행동을 따라 하기 위해서다. 호기심과 탐구력 그리고 발달 과정상 나오는 자연스러운 반응이다.

🗨 무조건 못하게
막지 말자

아이는 일부러 물건을 망가뜨리거나 부모의 신경을 건드리는 것이 아니다. 아이는 자기 행동이 어떤 결과를 가져올지 잘 모른다. 이는 신경과학 연구 자료를 굳이 읽지 않아도 짐작할 수 있는 사실이다.

아이는 유리컵을 만지지 말라고 전날 엄마에게서 들었던 말을 기억해도, 다음 날 유리컵을 또 만지려고 한다. 아이의 두뇌는 합리적으로 행동할 정도로 발달하지 않아 본능을 제어하지 못한다. 아이의 입장에서는 새로운 것을 발견하고 실험하고 싶은 마음이 훨씬 더 크다. 아이가 새로운 것을 시도할 때마다 혼나면 어떻게 반응할까?

우리가 수천 년 전의 유적지를 방문한다고 상상해보자. 해도 되는 일과 하면 안 되는 일을 알려주는 안내판은 없다. 그런데 사람들이 돌계단을 오르거나 벽을 만질 때마다 가이드가 제지한다. 이런 경우 사람마다 조금씩 다르겠지만, 보통은 더 이상 무엇인가 해볼 생각이 들지 않는 것은 물론 오래된 유적지를 탐사하는 과정도 즐겁지 않을 것이다. 최악의 경우 계속 유적지를 탐방하고 싶은 마음이 사라질 수도 있다. 아이도 마찬가지다. 아이가 세상을 알아가고 싶은데 어른에게 혼나면 호기심이 사라진다. 더구나 별것 아닌 것으로 계속 혼나면 자신감마저 잃을 수 있다.

즉, 아이의 행동을 계속 제지하면 부작용이 생긴다. 그런데도 우리는 아이들의 뒤를 졸졸 쫓아다니며 "이거 조심해라, 저거 조심해라", "만지지 마라", "그만해라"라고 잔소리하며 시간을 보낸다. 하지만 이렇게 한다고

쿨한 부모 행복한 아이

진정 아이에게 다른 사람을 존중하는 법과 주변 물건을 조심스럽게 다루는 법을 가르칠 수 있을까?

조이는 생후 18개월 때 레옹과 같은 행동을 하지 않았다. 당시 조이는 아무것도 깨뜨리지 말아야 한다고 생각한 것이었을까? 남편과 내가 조이를 '잘 길러서'였을까? 아니다. 어쩌면 조이는 그저 다른 아이들에 비해 호기심이 적었을지도 모른다.

반대로 레옹은 걸음마를 떼면서부터 무엇 하나 그냥 지나치지 않았다. 모래는 만져도 되지만 왜 이유식은 만지면 안 되는지, 북은 쳐도 되지만 테이블은 탁탁 치면 안 되는 이유가 무엇인지 이해하지 못했다. 혼나면 엄마, 아빠가 마음에 안 들어 한다고 대충 눈치채지만, 왜 혼나는지는 제대로 이해하지 못할 뿐이다. 24시간 내내 아이 뒤를 쫓아다니며 이거 하지 마라, 저거 하지 마라 잔소리해봐야 아이와 부모 모두에게 피곤하기만 하다. 그보다는 아이가 '아슬아슬한' 행동을 하지 않게 주변 환경을 바꾸는 편이 훨씬 효과적이다.

💬 주변 환경을 바꾸자

이것저것 탐구해보고 싶은 아이들 앞에서 부모는 무조건 하지 말라는 잔소리 대신 위험하거나 곤란한 상황이 만들어지지 않게 이끌어주어야 한다. 방법은 간단하다. 부모가 먼저 주의를 기울이면 된다. 화장실 문을 닫거나, 주방 칼이 들어 있는 서랍이나 가정용품이 놓인 찬장을 안전 장치로 잠그거나, 아이가 주방에 들어가지 못하게 주방 입구 앞에 안전 문을 설치하거나, 아이가 먹으면 안 되는 사탕이나 과자를 찾을 수 없는 곳에 숨겨두면 된다. 물론 아무리 주의하고 조심해도 모든 것을 다 예방 할 수는 없다. 길 위에 떨어진 담배꽁초, 안전장치가 없는 조부모 집의 계 단, 탁자에 놓인 날카로운 가위같이 예상하지 못한 곳에서 변수가 벌어 질 수 있다. 이 경우에는 부드러운 말투로 말리는 것이 좋다. 아이에게 권 위적인 말투로 감정을 앞세우는 일은 멀리해야 한다.

💬 어린아이를
다루는 법

한 번은 친구네 집에서 가볍게 와인과 간식을 먹고 있었다. 그런데 친 구의 두 살짜리 딸 쥘이 물어보지도 않고 그릇에서 땅콩 하나를 집었다. 곧바로 친구가 쥘을 말렸다.

"쥘! 만지면 안 돼! 애들이 먹는 거 아냐."

그래도 계속 땅콩을 집으려 하자 친구는 차갑게 쥘에게 쏘아붙였다.

"내가 뭐라고 했지?"

순간 정적이 흘렀고 쥘은 단호한 엄마의 말투에 상처를 받아 그만 울 음을 터트렸다. 말 안 듣는 어린아이가 있는 집에서는 흔하게 볼 수 있는 상황이다. 하지만 잠시 아이의 입장이 되어 피트니스 수업을 듣는다고 상상해보자. 모든 회원이 쓸 수 있는 공용 체중계 앞에서 몸무게를 재려 하자 한 수강생이 이렇게 말하는 것이다.

"함부로 손대지 마세요. 저희들이 사용하는 겁니다."

이해할 수 없는 상황이지만, 잘못 들은 셈 치고 다시 몸무게를 재려할 때 또다시 그 수강생이 이전보다 더 냉정한 목소리로 다시 한번 경고 메시지를 날린다.

"제가 뭐라고 했는지 잊으셨어요?"

이런 상황에서 우리는 어떻게 반응을 해야 맞을까? 아마 여전히 이해할 수 없을 것이고 기분마저 최악으로 치달을 것이다. 이런 경우 다른 사람들처럼 왜 공용 체중계로 몸무게를 재면 안 되는지 애초부터 제대로된 설명이 되지 않았기 때문에 문제가 되는 것이다.

아이들 또한 제대로 된 설명을 듣고 싶어지지 않을까? 무조건 윽박지르지 말고, 지금 아이가 하려던 행동이 무엇인지 집중적으로 생각해보자. 위 사례에서는 아이가 땅콩을 먹지 못하게 만드는 것이 목표였는데, 이같은 목표라면 첫 번째 방법으로는 땅콩 그릇을 아이의 손이 닿지 않는곳에 두는 것이 좋다. 그리고 두 번째 방법은 다정하게 설명하는 것이다.

"땅콩이 먹고 싶구나? 하지만 땅콩 잘못 먹으면 목에 걸려서 아직은 위험할 것 같아. 자, 대신 당근 썰어놓은 것 가져다줄게. 너를 위해 특별히 준비한 간식이야."

아이의 감정을 공감해주며 부드러운 톤으로 말을 하면 아이는 우리가 걱정해서 못하게 막는다는 것을 이해한다. 그리고 여기에 한마디 덧붙일 수 있다.

"내가 이렇게 말하는 것은 널 사랑하지 않아서가 아냐. 너도 어른들처럼 땅콩이 먹고 싶은 거지? 이해해. 그런데 엄마는 땅콩이 목에 걸릴까 봐 걱정돼서 그래."

이때 땅콩 대신 아이가 좋아하는 간식을 준다면 아이가 크게 실망하지 않는다. 마지막으로 세 번째 방법은 아이의 관심을 딴 데로 돌리는 것이다. 아이가 바닥에 떨어진 담배꽁초를 주우려고 하면 다른 것으로 시선을 돌리도록 한다. 고전적인 방법이기는 하나 효과가 뛰어나다. "저 장난감 좀 봐!", "비둘기 봤니?" 혹은 "자, 네가 좋아하는 이야기책 읽어줄게."와 같은 말들로 아이의 시선을 돌리는 것이다. 엄하게 말하지 않고도 분위기를 어색하게 만들지 않고 목표를 달성하는 방식이다. 레옹이 포크로 예쁜 식탁을 마구 두드릴 때도 나는 이렇게 말했다.

"잠깐, 식탁 대신 장난감 북을 쳐볼까? 식탁이 망가질 수 있거든."

말투와 몸짓을 부드럽게 하되 안 되는 것은 안 된다고 분명히 전해야 한다. 모든 것을 다할 수는 없으며 절대 안 되는 것도 있다는 메시지를 아이가 알아들을 수 있도록 부드럽게 알려줘야 하는 것이 핵심이다. 무조건 "안 돼!"라고 말하지 말고 어느 정도는 이해하고 공감한다는 표시를 해야 한창 비뚤게 나가는 만 2~3세의 어린아이를 달랠 수 있다. 이 시기의 아이는 무엇이든지 싫다고 의사를 표현하는 경향이 있어 애를 먹을 때가 많다. 우리 부부도 조이와 레옹에게 처음부터 "안 돼"라고 말하지 않으려고 애쓴다("안 돼, 그거 하지 마.", "안 돼, 그거 만지지 마." 같은 말부터 꺼내지 않는다).

그렇다고 아이들을 무조건 놔두라는 뜻이 아니다. 만 2~3세 정도의 아이들을 둔 주변의 부모들은 아이들이 말을 듣지 않아 피곤하다고 하지만, 그런 아이들도 부모가 부드럽게 말하면 어느 정도는 상황을 이해하고 받아들인다.

쏠쏠 육아 Tip

고의적 행동이 아닌데 어른에게 엄한 말투로 혼나면 생기는 문제

- 아이는 창피함을 느끼며 마음의 상처를 입는다. 아이는 나름 잘해보려 했는데 오히려 혼났기 때문이다.
- 아무 설명도 없으니 아이는 도대체 자신이 무엇을 잘못했는지 모른다.
- 어른부터 권위적인 의사소통 방식을 사용해 아이에게 모범적인 모습을 보이지 않는다(아이들은 주로 모방으로 배운다는 사실, 잊지 말자).

💬 좀 더 큰 아이를 다루는 법

아이가 좀 더 자라서 이해력이 높아지고 말문이 터지면 어른도 훨씬 더 권위적인 태도로 엄격하게 이것저것 하지 말라고 말한다. 하지만 부드럽고 긍정적인 언행으로 아이를 대하면 쓸데없이 에너지를 낭비하지 않아도 된다. 간단히 에피소드 하나를 살펴보자.

친구 소피는 가족, 친구들과 함께 휴가를 떠났다. 휴가에는 네 살 아이 한 명과 일곱 살 아이 한 명 그리고 어른 아홉 명이 함께했다. 간식을 먹는 시간(이 책을 쓰면서 우리 부모에게는 간식 시간이야말로 일상에서 얼마나 큰 즐거움인지 깨달았다)에 두 아이는 흥분한 채로 계속 사방을 왔다 갔다 했다. 그중 네 살 아이는 간식이 놓인 탁자 주변을 뛰어다녔다. 소피는 아이에게 네 번이나 소리를 질렀다.

"그만해, 그러다 유리잔 엎어질라!"

부모의 경고에도 불구하고 아이는 아랑곳하지 않았다. 결국 아이의 부주의로 유리잔들이 와장창 깨지고 말았다. 참을 만큼 참았던 소피는 아이의 머리를 한 대 치며 소리쳤다.

"내가 뭐라고 했어?"

소피의 남편은 한 술 더 떠 아이의 머리와 볼기짝까지 때리며 대미를 장식했다. 그러나 아이는 아랑곳하지 않고 하루 종일 기분 내키는 대로 놀기 바빴다. 소피는 시종일관 아이들이 유리잔을 쓰러뜨리지 못하게 해야 한다는 생각에 사로잡혀 있었다. 그 결과 자신도 모르게 권위적으로 아이를 대하고 말았다.

나는 소피의 상황을 지켜보며 남의 일이 아니라는 생각을 했다. 우리 부부 역시 평소 아이들이 전등, 유리잔, 휴대폰 등을 만질 때나 위험해 보이는 공간에서 놀 때 소피네와 비슷한 장면이 연출됐기 때문이다. 그런 상황에서는 늘 "하지 마!", "뛰지 마!", "떨어질라!", "만지지 마!", "안 돼!"를 입에 달고 살았다.

우리가 일상적으로 하는 이런 말들은 아이와의 대결구도를 만든다. 아이는 하지 말라는 말, 물건이 깨지거나 그러다가 다친다는 말을 들으면 성가셔한다. 아이가 부모의 조언을 잔소리 취급하고 귀찮아하는 순간 통제는 힘들어진다. 이런 안타까운 상황을 피하려면 어떻게 해야 할까? 어른도 비슷한 상황을 경험해 보면 이해가 된다.

어느 주말, 남편과 나는 친구 집에 초대받았다. 해변 분위기가 느껴지는 멋진 집이었다. 벽에는 채색 나무 장식이 멋지게 걸려 있었다. 남편은 어린아이처럼 채색 나무 장식 일부를 떼어내 갖고 놀기 시작했다. 바로 그때 집주인인 친구가 남편에게 이렇게 말했다.

"잘못하면 갈라질 수 있어서 바라만 보는 것이 좋아. 지난번에 우리 남편도 그렇게 만지다가 장식을 깨뜨렸거든. 거기 금 간 것 보이지?"

친구의 말에 남편은 얼른 장식을 다시 벽에 걸어놨다. 만약 친구가 우리 남편에게 이렇게 쏘아붙이며 말했다면 어땠을까?

"만지지 마! 그러다 깨진단 말이야!"

이런 상황에서는 아마도 고집 세고 허세가 조금 있는 남편은 친구의 반응이 다소 과장되었다 생각해 나무 장식을 갖고 계속 장난치며 약을 올렸을 것이다.

자신 있게 무엇인가 하고 있는데 누군가 "그만해! 어차피 안 될 거야." 라고 초를 치면 우리는 이내 자신감이 없어진다. 우리 자신이 끝없이 작게만 느껴지고 창피한 느낌이 들면서 동시에 상대방에게 오기가 생겨 맞서고 싶다는 생각이 들 수 있다. 해낼 수 있다는 것을 보여주거나 단순히 상대방을 성가시게 하기 위해서 말이다. 우리들 역시 아이들처럼 우리의 행동을 계속하고 싶어 하는 욕구가 잠재돼 있다. 그만두면 상대방의 말이 맞다는 것을 인정하는 꼴이 되기 때문이다.

위험한 행동이나 서투른 행동을 하는 아이는 어떻게 대할까?

아이가 소파에서 볼펜으로 수첩에 낙서하고 있다고 상상해보자. 우리의 머릿속에는 이미 '볼펜+소파=얼룩'이란 공식이 바로 떠오를 것이다.

나의 경우, 아이가 그만두었으면 하는 마음이 들면 아이에게 다가가 걱정스러운 목소리로 말한다.

"이런! 소파에서 볼펜 갖고 장난치지 않았으면 좋겠는데. 소파에 볼펜 자국이 묻을까 봐 걱정돼. 볼펜 갖고 놀고 싶으면 테이블에 앉아서 하자. 아니면 색연필을 쓰든가."

나는 최대한 아이에게 소파에 볼펜이 묻을 거라고 말하며 아이를 기죽이지 않으려 한다. "너 때문에 속상하다. 그러면 못 써."라는 말로 아이를 비난하지 않고 오히려 걱정되는 내 자신의 감정을 표현한다. 정확히 친구에게 말하듯이 아이에게 말을 하는 것이다.

"소파에 볼펜이 묻을까 봐 걱정되는데… 탁자에서 해도 될 것 같아. 탁자에서라면 볼펜이 묻을 걱정이 없거든."

이러면 아이는 반항하기보다는 협력하고 싶다고 생각한다. 부모의 힘 없는 목소리를 들은 아이는 걱정이 들면서 주변 물건을 망가뜨리지 않게 조심해야겠다고 생각한다. 그다음으로 아이들에게 대안을 제시하자.

큰 아이들에게는 되도록 스스로 선택하도록 기회를 만들어준다.

쿨한 부모 행복한 아이

"볼펜을 쓰고 싶으면 탁자에 앉는 것이 좋고 소파에서 계속하고 싶으면 색연필을 쓰는 것이 좋은데, 어떻게 할래?"

물론 어린아이들에게도 목소리와 행동으로 안 되는 것은 안 된다고 분명히 정한다. 이 과정에서 권위적인 말투로 할 필요는 없다. 정말로 안 되는 것이라면 아이와 아주 가까이 바짝 붙어 서 있는다. 그러면 아이는 더 이상 하면 안 되겠다고 느낀다.

이 밖에도 부모의 거듭된 부탁에도 불구하고 아이가 전혀 말을 듣지 않는다면 행동에 나서자. 여기서의 행동은 아이에게 벌주라는 뜻이 아니다. 아이가 하지 않았으면 하는 것을 목표로 생각하면서, 아이가 진정으로 무엇을 원하는지 그 '마음을 이해하려는 부모의 노력'을 뜻한다.

- 아이가 소파에서 그림 그리기에 몰두한 경우

  → "볼펜 묻으면 안 되니깐 저기 가서 하자."라는 말과 함께 아이를 안아 다른 곳으로 데려간다.

- 아이가 심심해서 보채는 경우

  → "심심하구나. 같이 놀 친구가 없어서 어떡하지? 엄마(아빠)랑 잠깐 ○○놀이 같이 할까?"라는 말과 함께 아이를 장난감이 있는 공간으로 데려간다.

- 아이가 단순히 부모의 관심을 끌고 싶어 하는 경우

  → "엄마(아빠)는 너를 정말 사랑하는 거 알지?"라는 말과 함께 2분 동안 아이를 안아준다. 필요하면 뽀뽀도 해준다. 그리고 바쁜 일이 끝나면 아이와 같이 놀아준다고 약속을 한다.

쏠쏠 육아 Tip

우리가 금지한 행동을 아이가 못하게 만드는 방법

- 주어를 '너'가 아니라 '나'로 하여 지칭하면서 표현법을 바꾼다.

  "나는 좀 걱정되는데…."

- 문제가 되는 물건을 멀리 치운다.

- 아이가 무엇을 원하는지 이해하고 만족할 수 있는 대체물을 찾는다.

- 아이가 선택하도록 해준다.

- 아이의 관심을 다른 곳으로 돌린다.

🗨 무조건 하지 말라고 경고하지 말고 아이에게 책임감을 심어주자

무조건 이것저것 하지 말라고 타이르기보다 아이를 믿어보고 책임감을 심어줄 수는 없을까? 곤란한 상황이 펼쳐지면 내 입에서 제일 먼저 나오는 말은 "만지지 마!", "건들지 마!", "안 돼!"라는 부정어다. 이 상황에서 딸아이 조이는 보통 "괜찮아, 정말 조심할 거야."라고 대답할 것이 뻔하다. 그럴 때 나는 조이에게 자신 있는지 확인해보는 편이다.

더 나아가 나는 아이에게 위협적인 말 대신 "약속하지? 조심할 거라고."와 같은 '너를 믿는다'는 뉘앙스로 대화를 이어간다. 그러면 조이는 자신감 있는 표정으로 "약속해, 엄마!"라고 대답한다. 이때 조이의 대답은 결심이 가득한 진짜 '약속'이다. 만일 아이가 이 과정에서 실수를 하게 된다면 부모로서는 이 일이 만만찮다는 것과 다음번에는 어떻게 해야 할지를 설명해주면 된다.

여기서 얻을 수 있는 교훈은 무엇일까? 부모와 아이가 대립각을 세우지 않는 것이다. 부모가 권위적으로 나오면 아이는 반항심에 고집을 부리고, 부모는 부모대로 아이가 실수할 때까지 기다렸다가 화난 목소리로 말하기 쉽다. "거 봐, 내가 뭐라고 했어!" 반대로 부모가 믿어주면 아이는 책임감을 느끼고, 잘 해야겠다고 결심한다. "봐, 엄마. 내가 해냈어." 제대로 해낸 아이의 미소는 너무나 소중하다. 뿐만 아니라 부모도 아이가 다 컸다고 느끼며 뿌듯하고 행복해 만족스럽다.

꼭 기억하자! 부모가 분명한 목표를 정해주고 믿어주면 아이들은 좀 더 협조적이고, 조심스럽게 행동한다. 이 목표 설정 과정에서는 아이와의 충분한 소통이 이뤄져야 한다.

🗨 아이 스스로 행동하고 선택할 수 있도록 해주자

아이가 무엇인가 하려 할 때 책임감을 심어주자. 예를 들어, 겨울철 물웅덩이를 걸으려 하는 아이에게 "안 돼! 물웅덩이에 뛰어들지 마! 그러다가 온몸 다 젖고 감기 걸린단 말이야."라고 피곤하게 타이를 필요가 있을까?

아이는 몸이 젖든 말든 전혀 신경 쓰지 않는다. 아이 입장에서는 물웅덩이에서 하는 발장난이 너무나 신날 뿐이다. 오히려 바지는 세탁기가 알아서 빨아주는데 왜 조심해야 하는지 이해하지 못할 수 있다. 만약 부모가 계속 말리는데도 아이가 물웅덩이에 계속 뛰어들다 감기에 걸렸다고 가정해보자. 부모는 이렇게 말할지도 모른다.

"거 봐, 감기에 걸릴 거라고 했잖아!"

하지만 아이도 자기변명을 한다.

"아냐, 감기 아냐!"

어쩌면 다시 고집을 부리며 물웅덩이에서 장난칠지도 모른다. 나 역시 조이가 네 살일 때 비슷한 상황을 겪었다. 물웅덩이에 뛰어들려는 조이를 향해 나는 여러 번 잔소리를 했다.

"물웅덩이에는 가지 마. 장화 안 신어서 신발이 물에 젖으면 발이 추울 수 있어."

"아냐, 괜찮아!"

강하게 만류함에도 불구하고 조이는 서둘러 차가운 물웅덩이에 뛰어들었다. 어른들과 마찬가지로 아이들은 자신만의 경험을 하고 싶어 한다. 나는 조이에게 자신이 하는 행동에 대한 정확한 상황 판단을 알려주고 싶었다.

"자, 잘 들어봐, 조이. 집에 오면 젖은 신발과 양말을 벗으면 돼. 그런데 아까와 같이 비가 많이 오거나 물웅덩이를 밟을 때는 어떻게 할까?"

"장화 신을 거야."

"좋았어, 꼭 명심해야 한다."

우리가 다그치거나 창피주지 않으면 아이도 쉽게 잘못을 인정한다. 아이에게 "내가 그럴 거라고 했잖아!"라고 무작정 윽박지르며 혼내는 것이 능사가 아니다.

● 벌주지 말고
스스로 깨닫게 하자

아이가 실수하면 '아이가 뭘 하려 했던 것일까?'란 생각부터 해보자.

나는 언젠가 새로 산 립스틱이 망가진 걸 보고 화가 났다. 아무것도 모르는 조이는 해맑게 립스틱을 귀밑까지 잔뜩 바른 채 내게 다가왔다.

"엄마, 이것 봐라, 나 화장했다! 이쁘지?"

화장을 한 조이의 의도는 무엇이었을까? 나의 물건을 망치는 것? 나를 열 받게 하는 것? 아니다. 조이는 그저 화장을 하고 싶었을 뿐이다.

쿨한 부모 행복한 아이

조이의 행동처럼 레옹 역시 아빠가 돌아선 틈을 타 아빠의 초콜릿 빵을 집어 휴지통에 숨긴 적이 있었다. 레옹은 빵을 찾는 아빠의 모습을 보고 숨넘어갈 듯이 깔깔거리며 자신의 작전이 성공한 것에 매우 즐거워했다. 이때 레옹의 의도는 무엇이었을까? 아빠의 아침 빵을 빼앗고 싶었을까? 아니다. 그저 장난치고 싶었을 뿐이다.

이후에도 비슷한 상황이 목격되었다. 어느 날 저녁, 퇴근한 나는 딸 조이의 방문이 커다란 낙서로 덮여 있는 것을 보았다. 욱하는 마음을 다잡고 단도직입적으로 조이에게 벌어진 상황에 대해 물었다.

"방문이 왜 이러니?"

그러자 조이가 신나는 목소리로 대답했다.

"방을 예쁘게 꾸미려고. 예쁘지, 엄마?"

반복적으로 일을 꾸미는 조이의 의도는 무엇이었을까? 방문을 망치는 것? 역시 아니다. 단지 자기 방을 개성 있게 꾸미고 싶었던 것이다.

앞서 다룬 이야기에 빗대어 각 가정의 부모들에게 아이가 무엇이든 마음껏 하게 내버려두라고 말하는 것이 아니다. 아이가 잘해보려고 하다 실수할 때와 짓궂은 마음으로 실수할 때를 구분해 다르게 반응해야 한다는 뜻이다.

살면서 한 번쯤 누군가를 그냥 도와주려고 한 것뿐인데 본의 아니게 실수해서 낭패 본 적이 없는가? 이런 일을 경험하면 대부분 마음이 불편해 더 이상 작은 일도 시도하지 않으려 한다. 우리 아이들도 비슷하다. 아이들의 의도를 이해하려 하지 않고 무조건 혼내기만 하면 아이들은 점점 호기심과 탐구심을 잃게 된다. 어른들이 아이들의 삶의 기쁨을 앗아가는 것이 아닌지 고민해야 할 문제이기도 하다. 그렇다면 호기심 가득한 아이들이 주변 사람들을 방해하거나 물건을 망가뜨리지 않으면서 자기표현을 하도록 할 방법은 무엇일까?

가장 먼저 할 일은 아이들의 활발한 에너지와 호기심을 긍정적으로 바라보며 아이들이 일부러 그런 것은 아니라고 생각하는 것이다. 그래야 다음에 아이들이 에너지와 호기심을 다른 방식으로 표현하도록 이끌 수 있다.

• 아이들의 실수에 대처하는 대화법

표현 ①

"재미있게 화장했네. 어릿광대 같아. 그런데 립스틱은 엄마에게 소중한 거야. 그래서 엄마 립스틱을 망가뜨리지 않았으면 좋겠는데. 원하면 생일날 화장품 세트 사줄게. 그러면 마음껏 화장해서 사람들에게 보여줄 수 있을 거야. 괜찮은 생각 같지?"

표현 ②

"아빠에게 장난치려고 했구나. 너무 재미있다. 그런데 초콜릿 빵을 다른 곳에 숨기면 좋았을 텐데. 빵을 휴지통에 숨기면 나중에 빵을 찾아도 더러워서 먹을 수가 없거든! 아빠가 재미있어 하는 대신 화낼지도 몰라. 휴지통 말고 다른 곳 없을까? 그리고 초콜릿 빵이 없어진 아빠를 어떻게 달래면 좋을까?"

육아에 있어 기적 같은 방법은 없다. 지금이나 앞으로나 늘 아이들은 예측 불가능한 일을 펼칠 수 있다. 억지로 부모의 생각을 똑같이 맞추려 애쓰기보다 부드러운 말투와 행동을 보이며 아이를 강제로 누르려 하지 않는 것이 중요하다.

🗨 아이가 정말 큰 잘못을 하면 그냥 넘어가지 말자

좀 더 아슬아슬한 상황을 예로 들어보자. 밥상을 차리는 중 아이가 직접 자신이 유리 접시 더미를 식탁으로 가져다 놓으려고 한다. 평소대로라면 깨질 우려가 없는 접시만 부탁하겠지만 이날은 특별히 아이를 한 번 믿어 보기로 가정해보자. 그런데 얼마 못 가 접시가 그만 와르르 쏟아지고 말았다. 이때 우리는 보통 아이에게 "거 봐, 내가 그럴 거라고 했잖아."라고 말한다. 하지만 이처럼 말하는 태도는 아무 도움도 되지 않는다.

사실 아이들은 바보 같은 실수에도 별로 신경 쓰지 않는다. 오히려 아이들은 "별것 아냐, 엄마!"란 이야기로 상황을 모면할 수도 있다. 아이들의 이런 모습을 보면 부모로서 화가 나거나 짜증이 나기도 한다. 우리가 진정 원하는 것은 아이들이 미안해하며 실수를 인정할 줄 아는 모습이기 때문이다.

어떻게 하면 아이가 자신의 장난이 다른 사람에게 영향을 끼친다는 사실을 깨닫게 할 수 있을까? 벌을 주면 될까?

소리 지르거나 구석에 서 있으라며 벌주는 부모들도 있고, 볼기짝이나 등을 때리는 부모들도 있다. 물론 이렇게 하면 잠시나마 아이가 다시 같은 실수를 못하게 막을 수 있다. 하지만 아이가 정말 자신의 실수를 심각하게 생각할까? 반성해서가 아니라 혼나는 것이 무서워 같은 실수를 하고도 가만히 있는 것이 아닐까? 이후에 우리가 지켜보지 않으면 어떻게 될까? 이 경우 아이에게 "만지지 마, 그러다 혼나."라는 말보다 "조심해, 예쁜 꽃병인데 깨지면 안 되잖아."라고 말하도록 노력해보자.

어떤 설명을 해줘야 할까?

이론보다는 실전이 좋고, 말보다는 한 번의 경험이 효과적이다. 아이 스스로 '하면 안 되는 행동이구나' 하고 느끼도록 돕는 것이 제일 좋다는 말이다. 아이에게 왜 실수인지 구구절절 설명해주기보다는 아이 스스로 바보 같은 실수라고 깨닫게 만드는 편이 훨씬 낫다.

이를테면, 장난감이 망가지면 아이는 즉각 자신이 잘못했다고 생각한다. 장난감은 아이에게 소중한 물건이기 때문이다. 하지만 카펫을 더럽힌 아이는 사태의 심각성을 잘 모를 가능성이 높다. 따라서 아이가 실수로 물건을 망가뜨리면 그 물건의 주인이 어떤 기분일지 알려줘야 한다. 이때 제일 좋은 방법은 감정을 표현하면서 슬픔을 보여주는 일이다. 아이에게 다그치듯 탓하기보다는 부모의 감정을 객관적으로 설명해야 한다.

"내가 정말 좋아하는 카펫 한가운데 이렇게 큰 얼룩져 이제 못 쓰겠네. 속상하다."

대부분의 아이는 즉시 이렇게 속삭인다.

"미안해, 엄마."

우리가 이렇게 말하고 행동하면 아이에게 진심 어린 사과를 들을 수 있다. 실제로 아이는 우리가 혼내거나 시시콜콜 따지듯 설명하지 않아도 자신이 바보같이 실수했다는 사실을 안다. 그런데 부모가 화내거나 벌주면 대립 관계가 만들어져 아이는 주눅들거나 미움받는다고 생각한다. 어른들과 마찬가지로 아이도 자신을 망신주는 사람에게 사과하거나 그 사람의 말에 수긍하려 하지 않는다. 이렇게 대립적인 관계에서 아이는 자기 실수가 별것 아니라며 부정하고 싶어 한다. 우리는 아이의 실수가 불편한 것이지 미숙한 아이를 미워하는 것이 아니므로 아이와 아이가 한 실수를 분리할 줄 알아야 한다.

스스로 잘못을 깨달은 아이는 다음부터 조심하려 노력한다. 혼날까봐 무서워서가 아니라 주변 사람들을 슬프게 하고 싶지 않아 조심하는 것이다. 이것이 바로 '공감'이다. 놀랍게도 어린아이도 공감할 수 있다.

어린아이는 포크로 식탁을 탁탁 치면 식탁이 망가진다는 생각을 하지 못할 수 있다. 당장 식탁이 망가지는 모습이 눈에 보이지 않기 때문이다. 발달 과정상 어린아이는 자기 실수로 인한 결과가 바로 눈에 보여야 상황을 깨닫는다.

레옹을 기저귀대에 눕혀 기저귀를 갈아주었을 때의 일이다. 레옹이 장난감을 벽에 세게 문질렀고, 벽에는 커다란 자국이 생겼다. 마음 같아

서는 "장난감으로 벽을 긁으면 안 돼. 엄마 화낼 거야." 라고 레옹을 혼내고 싶었으나 화를 내는 대신 레옹의 공감을 자극하기로 했다. 목소리에 안타까움을 가득 담아 레옹에게 이렇게 말했다.

"이런, 벽이 망가졌네. 너무 마음이 아프다. 이 자국 좀 봐!"

이후에도 비슷한 상황이 벌어질 때면 레옹을 다그치며 몰아붙이거나 화내지 않았다. 레옹이 일부러 그런 것은 아니니까. 대신 레옹이 벽에 만든 자국을 보며 내가 느낀 감정을 전했다. 그 후 내가 기저귀를 갈아줄 때마다 레옹은 손으로 벽에 난 자국을 가리키며 안타까운 목소리로 "이런! 이런!"을 반복했다. 물론 다시는 벽을 아프게 하지도 않았다. 레옹이 진짜로 공감했는지, 아니면 그냥 내 말을 따라한 것인지는 모르겠지만 어쨌든 그 후로 다시는 벽을 건드리지 않았다.

🗨 아이 스스로 실수를 바로잡을 수 있도록 기회를 주자

아이들이 놀다가 만든 낙서 자국을 무조건 청소해주지 말고 아이 스스로 해결책을 찾도록 도와주자. 평소에 우리가 아이 스스로 해결책을 찾을 수 있도록 잘 이끌어주면 두뇌의 이성적인 면(전전두엽 피질)이 발달한다. 아이는 차차 이성적 판단이 길러진 이후 자신의 감정을 잘 이해하고 다스릴 수도 있게 된다.

아이의 실수를 보고 우리가 슬퍼하거나 실망할 때, 아이는 그런 우리의 마음을 느끼고 실수한 것을 해결하려 한다. 이때 아이가 잘못을 깨달을 수 있는 기회를 주되 자신감을 잃지 않도록 해주자. 우선적으로 아이에게 절대로 해서는 안 될 말이 있다. "하지 마.", "내가 알아서 할 테니까 너는 방에 가 있어."와 같은 말들이다. 이런 말을 들으면 아이는 다음과 같이 해석한다. "너는 뭐 하나 제대로 하는 것이 없구나. 네가 실수나 하지 뭘 하겠니? 차라리 아무것도 하지 마."

💬 같은 실수를 다시 반복하지 않도록 함께 해결책을 찾자

아이들은 무한한 상상력을 가지고 있어 어떤 행동을 할지 예측할 수 없다. 통통 튀는 아이의 상상력을 좋은 곳에 쓰도록 도울 수는 없을까? 아이가 실수했을 때 똑같은 실수를 하지 않도록 함께 해결책을 찾아보자. 아이가 내놓는 방법이 얼마나 창의적인지 깜짝 놀랄 것이다.

한 번은 조이가 카펫에 묻어 지워지지 않는 볼펜 자국을 보고 내게 그 위에다가 예쁜 천을 덮자고 했다. 생각지도 못한 해결책이었다. 이 경험을 통해서 나는 아이에게도 상황을 해결하는 능력이 충분히 있다는 것을 몸소 느꼈다.

아이와 함께 해결책을 오랫동안 생각하는 시간을 갖다 보면 자연스레 아이가 또다시 같은 실수를 하지 않을 것이라는 확신이 생긴다. 충분히 믿어주면 아이는 같은 실수를 하지 않으려고 스스로 노력한다.

쿨한 부모 행복한 아이

몇몇 사람들은 육아에 있어 벌을 주는 것이 아이에게 도움이 된다고 생각한다. 과연 그럴까? 아이의 기질과 아이가 실수한 상황마다 다르다는 것을 유의해야 한다. 더불어 벌주기보다 아이에게 먼저 실수한 것을 스스로 해결할 수 있도록 기회를 만들어주자. 제대로 된 설명 없이 아이를 꾸짖기보단 아이 스스로 실수를 만회할 수 있는 시간을 만들어주는 것이다.

🗨 아이가 실수할 때마다
호들갑을 떨지 말자

아이가 실수할 때 슬프다고 말하거나 실망스럽다고 감정을 표현하면 효과가 좋다. 그러나 이 사자성어를 기억하자. 과유불급! 감정을 과장하거나 남용하면 오히려 역효과가 난다. 빵 부스러기를 조금 떨어뜨리거나 물을 약간 흘린 정도로도 아이가 주눅들 수 있다.

어른들도 실수할 때마다 주변 사람들이 실망한다면 우울해질 것이다. 아이도 마찬가지니 절대 호들갑은 떨지 말자. 그러면 아이는 다음에도 실수할까 봐 더 이상 아무 시도도 하지 않거나, 반대로 모든 일을 적당히 대충 한다. 아이가 실수할 때마다 심각하게 대하지 말고 정말 크게 실수했을 때만 반응하자.

💬 "괜찮다"고 말하는 아이!
정말 괜찮은지 아닌지 살펴보자

다른 아이들처럼 조이도 "괜찮아."라는 말을 자주 한다. 높이 쌓아 올린 젠가 탑이 무너지거나, 동생 레옹이 장난감을 망가뜨렸을 때, 심지어 집에 가는 버스를 놓쳤을 때마저 조이는 태연하게 "괜찮아."라고 내게 말한다.

'괜찮아'라는 말은 상황을 상대적으로 바라보는 데 도움을 준다. 하지만 간혹 내 눈에는 괜찮지 않아보일 때가 있다. 이럴 때는 조이 말대로 별것 아닌 일에도 심각하게 받아들이고 유별나게 행동한다. 특히 내가 피곤하거나 다른 일로 짜증이 난 상황에서는 조이의 실수가 '더 심각하게' 다가오거나 실망감도 함께 느껴질 때가 있다(감정적으로 받아들이는 경우다). 앞서 말했듯이 아이는 부모를 모방하며 배운다. 부모가 너무 심각하게 반응하면 괜찮다던 아이도 상황을 심상치 않게 받아들인다.

어느 날 조이는 내게 "내 피규어가 깨졌어. 너무 슬퍼. 큰일 났네.", "이런, 레옹이 내 책에다 낙서했어. 어떡하지?"라고 말했다. 조이가 내 행동을 그대로 배운 것일까? 만일 그렇다면 심각하게 고민해야 할 문제다. 자기 물건이 조금만 깨지거나 눈에 안 보이거나 없어진 것 같으면 호들갑을 떨고 물건과 관련된 문제가 조금만 생겨도 절망할 수 있기 때문이다. 부모의 감정, 아이의 의도, 아이의 상황 분석 능력을 적절하게 맞춰 나가야 한다.

앞서 설명한 조이의 상황에서도 느꼈듯 아이들은 어른들에 비해 상황을 대수롭지 않게 여길 때가 있다. 이런 아이의 태도에서 우리가 배워야 할 점은 없는지 도리어 생각해 볼 필요는 있다.

아이가 실수했을 때 대처하는 방법

- 아이가 일부러 그런 것이 아니라는 사실을 확인한 후 다음에는 같은 실수를 하지 않도록 대안을 준다.
- 감정을 객관적으로 설명함으로써 아이 스스로 잘못을 깨닫게 만든다. 그러면 아이는 진심으로 사과한다.
- 아이가 무슨 실수를 했느냐에 따라 실망스럽다는 감정도 조절해서 표현한다.
- 아이가 실수한 것을 스스로 고치거나 함께 고칠 수 있도록 기회를 준다.
- 똑같은 실수가 일어나지 않도록 아이에게 해결책을 생각해보라고 이끌어준다.
- 아이가 너무 자주 실수한다면 실수한 것을 하나하나 다 걸고 넘어지지 말고, 정말 큰 실수에만 집중한다.

🗨 위험은 스스로
피하게 성장시키자

지금까지는 아이가 무엇인가 망가뜨리거나 깨뜨릴 때 어떻게 반응하면 좋을지에 대해 살펴봤다. 그렇다면 아이가 다칠 법한 상황 앞에서는 어떻게 반응하면 좋을까? 아이 스스로 위험을 깨닫고 조심시킬 수 있는 방법은 없을까? 다행히 복잡하지 않고 효과적인 방법이 하나 있다.

평소 오븐과 커피포트는 아이 손이 닿기 쉬운 곳에 놓여 있고, 벽난로와 초에는 항상 불이 켜져 있으며, 낮은 탁자 위에 자주 뜨거운 찻잔이 놓여 있다고 가정해보자. 이런 상황에서는 평상시 아이들에게 책임의식을 심어주어야 한다. 그래야 화상을 입지 않게 예방할 수 있다. 권위적인 말투로 무조건 오븐에 손대지 말라며 "만지지 마, 뜨겁단 말이야."라고 쏘아붙이지 말자. 대신 부드러운 말투로 "조심해, 뜨거워."라고 말하면서 아이들이 간접적으로 뜨거움을 느낄 수 있을 정도로만 오븐에 다가가도록 해보자(정말 뜨거운 것을 말하는 것이 아닌 따뜻한 정도다. 이런 방법을 쓸 땐 아이의 안전이 보장되어야 한다). 아이들이 뜨거운 느낌을 직간접적으로 경험하면 부모가 곁에서 걱정하는 이유에 대해 이해할 수 있다.

아이들에게 "조심해, 뜨거워!", "손 베지 않게 조심해!"라고 말할 때는 위험의 정도에 따라 걱정하는 말투를 달리 해야 한다. 말투만으로도 충분히 아이들에게 위험을 알릴 수 있기 때문이다. 더 나아가 아이들에게 위험을 알리고 조심하도록 이끌어주자. 그러나 "너 떨어진다.", "너 그러다 손가락 벨 수 있어."처럼 위험이 반드시 닥칠 것처럼 예고하듯 경고하지는 말자.

조심성 부족한 레옹이 말문이 트이고 가장 많이 내뱉은 말 중 하나는 "뜨거워."였다. 우리가 뜨거우니 위험하다고 말할 때 보여주던 것과 똑같이 걱정스러운 말투였다. 레옹은 뜨거운 것이 정말로 위험하다는 것을 알고 있는 듯했다. 그 영향으로 현재 레옹은 뜨거운 냄비, 커피포트처럼 위험한 것을 알아볼 줄 안다. 덕분에 우리 부부는 레옹에게 벽난로나 향초에 다가가지 말라고 입 아프게 말한 적이 없다.

한 번은 조이 때문에 놀란 적이 있었다. 조이가 변기 뚜껑을 접으며 이렇게 말한 것이다. "손 낄까 봐 무서워." 그런데 우리 부부는 조이에게 변기에 손이 낄 수도 있으니 조심하라고 한 적은 없었다. 다만 언젠가 조이에게 변기에 손이 낄 수 있다고 행동으로 보여준 적은 있는 듯하다. 변기를 보고 조이는 그때 기억을 떠올렸을 수 있다.

아이들도 태어날 때부터 위험을 인식할 수 있다. 그래서 나는 아이가 부상 입을 위험이 없는 선에서는 경험하게 놔두는 편이다. 예를 들어, 칼이나 뾰족한 물건이 있다면 아이들에게 "칼 만지지 마."라고 경고를 하기보다는 "조심! 손 벨라! 여기 봐, 아야!"라고 말한다. 그리고 아이들에게 직접 위험을 경험하도록 손가락 끝을 뾰족한 물건 모서리 부분에 살짝 댄다(역시 안전이 보장된 상황).

지하철이나 버스에서도 마찬가지다. 아이들에게 손잡이를 잡으라고 몇 번씩 강하게 명령하는 대신 "조심! 잘 잡자. 지하철 움직일 거야." 하고 다정하게 조언하는 편이 낫다. 지하철에서 안 좋은 경험을 해본 아이들은 지하철이 조금만 흔들려도 서둘러 손잡이를 꽉 잡으려 한다.

아이들은 호기심이 강하다 보니 온몸으로 이해하기 위해 경험하고 싶을 뿐이다. 그러니 아이들이 작은 위험을 스스로 극복할 수 있도록 놔두자. 우리 부부는 아이들이 두 살 정도 되었을 때 계단 앞의 안전문을 치웠다. 대신 아이들에게 "엉덩이를 딛고 내려가면 더 쉬워.", "계단 손잡이 꽉 잡자."라는 말만 해주었다. 용감한 레옹도 아주 조심히 행동했다. 특별한 비결은 없다. 과보호하는 대신 스스로 해나갈 기회를 줬을 뿐이다. 그러면 아이의 뒤를 졸졸 쫓아다니지 않아도 스스로 위험을 인지하고 조심한다.

조이가 어렸을 때 나는 이런 말을 했다. "작은 조약돌을 갖고 놀아도 돼. 하지만 입에 넣지는 않는 기다, 약속하지? 엄마, 믿는다?" 이 과정에서 조이가 그러겠다고 하면 더 이상 감시하지 않고 믿어줬다. 조이에게 스스로 위험을 이겨내라고 알린 후 믿고 놔둔 셈이다. 지금 조이는 충동적으로 실수하거나 어른을 믿고 함부로 설치지 않는다. 조심스럽게 행동하지 않으면 다칠 수 있다는 것을 알고 홀로 위험과 맞선다.

성격상 아이가 특별히 신경 쓰지 않는 위험도 있고, 예상할 수 없는 위험도 있다. 만약 도로에 자동차가 없다면, 아이는 도로 위에 있어도 위험하지 않다고 생각할 수 있다. 레옹이 인도 위에서 똑바로 걷지 않거나 손잡으려 하지 않으면, 우리는 레옹을 유아차에 태운다. 레옹에게 왜 유아차에 태우는지는 설명해주지만, 왜 위험하게 행동하느냐고 혼내지는 않는다. 길거리에서 갑자기 유아차에 태워지는 경험을 하면 레옹은 부모의 손을 잡는 편이 더 낫다고 생각하는 듯하다.

아이가 스스로 조심하도록 이끄는 마지막 비결은 '인내심'이다. ~~육아에 있어 인내심은 다름이 아닌 아이의 두뇌가 좀 더 성숙해질 때까지 기다려줘야 한다는 뜻이다.~~ 결코 쉽지 않은 과정이다. 우리 부부도 이 인내심 기간을 거친 덕분에 조이가 장난감 차를 타도 우리 앞에서 놀도록 놔둘 수 있었다. 조이가 사람을 치지 않으려면 매번 멈춰야 한다는 사실을 잘 알기 때문이다. 그뿐만이 아니다. 한 번은 지하철 플랫폼에서 조이가 내게 경고했다.

"엄마, 뒤로 물러나. 떨어질까 봐 무서워."

책임감을 심어주는 것이야말로 아이에게 안전을 가르치는 최고의 방법이다. 그래도 아이를 잘 살필 필요는 있다! 언제 어디서 사고가 날지 모르기 때문이다. 그러나 일상의 소소한 부분에서는 한발 물러나 아이를 믿어주면 어떨까?

쏠쏠 육아 Tip

작은 위험이 있을 때 대처하는 방법(긴급한 위험이 아닌 경우)

- 걱정하는 말투로 말한다.

  "조심! 너 다칠까 봐 무섭다!"

- 아이에게 조언하거나 아이가 위험을 간접적으로 느낄 수 있게 한다.

  "봤지? 자, 구멍이 있어 잘못하면 떨어져서 다쳐."

  "미끄러우니까 양말 벗자(아이의 발을 잡고 양말이 미끄럽다는 것을 부드럽게 보여준다)."

  "이게 얼마나 뾰족한지 한 번 만져볼래(뾰족한 물건의 끝 부분을 손끝으로 살짝 경험하게 해본다)?"

- 아이가 조심하도록 한 번 믿어본다는 태도를 보여준다.

아이의 협조를 얻으려면
어떻게 해야 할까?

"얌전히 안 있으면 크리스마스 선물은 없어."

"얼른 옷 입어, 안 그러면 친구 생일 파티에 못 갈 줄 알아."

"얼른 와, 안 그러면 밥 안 줄 거야."

아이들에게 우리가 윽박지르며 자주 사용하는 말들이다. 부모가 윽박지르면 그 순간은 아이들이 말을 잘 듣는 것처럼 보일지 모르겠지만 어느새 우리는 아이와 팽팽하게 맞서는 관계가 되어버린다. 만일 우리가 휴대폰에서 눈을 떼지 못해 결국 배우자가 참지 못하고 폭발한다고 쳐보자.

"그래! 그렇게 계속 휴대폰만 보고 있어봐. 목요일에 있는 당신 사촌들과의 저녁식사 모임에는 안 갈 거니까."

이럴 때 우리는 어떻게 행동해야 할까? 당황스럽고 분노가 치밀어 오

쿨한 부모 행복한 아이

르지 않을까? 이런 상황에서 긍정적으로 행동할 수 있을까? 아마 그렇지 않을 것이다. 아이들도 마찬가지다.

🟤 어떠한 상황에서도
윽박지르지 말자

"내 말 좀 들어, 안 그러면 간식 안 준다."

"외투 안 입으면 놀이공원에 못 갈 줄 알아."

"계속 울면 장난감 안 줄 거야."

아이에게 이렇게 말한다고 부모의 권위가 생길까? 나는 오히려 그 반대라고 생각한다. 아이를 힘으로 굴복시키면, 강제로 굴복당한 아이는 제대로 성숙하지 못하고 욕구불만을 품는다. 아이가 화를 참으면 위험하다. 언젠가 폭발해 신경이 예민해지거나 마음속에 품은 화를 전혀 상관없는 사람에게 풀 수 있기 때문이다. 소위 '압력솥' 효과라고 할 수 있다. 어떤 경우든 악순환이다.

사실 어른들도 윽박질러 봐야 별 효과가 없다는 것을 속으로는 잘 안다. 아이의 협조를 이끌어내는 다른 방법을 모를 뿐이다. 아이에게 친절하게 지시를 내리고 따르게 할 방법은 무엇일까? 이 고민을 함께 하던 우리 부부는 그동안 꾸준하면서도 효과가 좋았던 방법들을 더듬어보았다. 단, 우리 가족이 '보편적인 가족(별나 보일 때가 있기 때문이다!)'은 아니므로 참고만 하길 바란다. 여기 소개하는 내 경험을 바탕으로 아이들의 성격과 상황에 맞춰 응용하는 것이 좋다. 사람마다 기질이 다르니까 말이다.

💬 '아이를 위한다'는 핑계로 아등바등하지 말자

'아이를 위한다'는 핑계로 우리가 아등바등하지 않는다면? 혹은 우리가 쓸데없이 작은 일에 에너지를 소비하지 않는다면? 이처럼 육아를 하다 보면 정말 괜찮은 것인지 몰라서 고민스러울 때가 종종 있다. 확신이 없기 때문이다. 앞에서도 설명했지만 아이가 스스로 알아서 부모의 뜻에 따르도록 책임감을 심어주는 것이 가장 좋다. 책임감을 심어주면 일일이 지시할 필요도 없다.

예를 들어, 추우니 외투를 입으라고 아이에게 몇 번이나 입 아프게 말하지 말자. 나같은 경우 아이가 외투를 입지 않으려 하면 억지로 울리면서 입히지 않는다. 아이 혼자서도 추위를 경험으로 알게 된다. 마찬가지로 아이가 레고 위를 걸을 때 다치지 말라며 양말을 신으라고 수백 번이나 잔소리하지 말자. 아이도 그럴 필요가 있으면 양말을 신어야 한다는 깨달음을 스스로 얻게 된다.

조이가 다섯 살, 레옹이 세 살일 무렵 프랑스 2 방송국의 한 프로그램 팀이 우리 가족의 일상을 취재하러 온 적이 있었다. 한창 꽃샘추위가 기승을 부린 봄이었다. 조이는 그날따라 얇은 옷만 입고 밖에 나가고 싶어 했다. 조이에게 스웨터를 입혀주려 했지만 조이는 입지 않으려 떼썼다.

나는 스웨터를 유아차 짐바구니에 넣어놓고 계속 걸었다. 이를 지켜보던 방송국 기자는 어리둥절한 표정으로 "아이를 저대로 두세요?"라고 내게 물었다. 너무나 빨리 포기하는 나의 태도가 그의 눈에는 방임주의처럼 보인 모양이었다. 시간이 좀 더 지나자 날이 쌀쌀하다고 느낀 조이는 자기 스스로 스웨터를 꺼내 입었다. 추워 죽겠는데 그대로 있을 아이는 없기 때문이다. 레옹도 세 살 때 이미 너무 덥거나 추우면 "나 옷 없어. 나 추워." 정도는 말로 표현할 줄 알았다.

외투 하나 입힌다고 아이에게 잔소리를 하면 일이 심각해질 수 있다. 부모가 계속 명령하는 관계에서는 아이는 반항심(혹은 자존심 싸움)이 커질 수밖에 없다. 아무리 추워도 아이가 외투를 입지 않으려 할 것이다. 따라서 나는 '아이를 위한다'는 마음에 억지로 외투를 입히려고 아등바등하지 않는다. 아이들이 정말로 춥지 않거나 입고 싶지 않아 하면 외투를 갖고 있다가 나중에 아이들이 춥다고 느낄 때 입힌다. 경험이 쌓인 아이는 성장하면서 상황을 예측하고, 무엇을 알아서 챙겨야 하는지 터득하게 된다.

"싫어, 외투 안 입을래."

"외투는 지금 안 입어도 돼. 하지만 밖은 아주 추우니까 외투를 가져가는 게 좋아."

아이에게 굴욕감을 주지 않는 말투나 '엄마, 아빠 말이 맞을 테니 두고 봐'라는 느낌이 담겨 있지 않다면 아이는 부모의 말대로 따른다. 가방 속에 커다란 아이의 털옷을 갖고 다니고 싶지 않다면 아이에게 설명하고 아이가 상황을 깨달을 수 있도록 이해를 돕자.

만일 아이가 외투를 입지 않고 나갔는데 15분 후 추워지기 시작했다고 상상해보자. 다시 집에 가서 외투를 갖고 나오기에는 늦었다. 이때 아이에게 "춥지? 좀 더 빨리 달리면 몸이 따뜻해질 거야." 라고 말하면 아이는 과연 어떤 생각을 갖게 될까? 이 상황을 경험해 본 아이라면 부모가 "괜찮아? 모두 외투 입었는데? 그렇게 입으면 안 추울까?"라고만 말해도 아이는 바로 부모의 뜻을 알아차린다.

아이의 책임감을 돋우는 육아법은 일상의 여러 상황에서 효과가 빛을 발한다. 아침에 옷 입는 장면을 생각해보자. 그동안 "○○아, 신발 신어."라고 잔소리를 늘어놓았다면, 앞으로는 "○○아, 조금 있으면 엄마(아빠)랑 학교 가야지. 다 됐니? 신발 신었어?"라고 말해보자. 당연히 부모가 이렇게 말한다고 아이가 바로 신발을 신지는 않는다. 그렇다면 출발 시간 5분 전에 현관 앞에서 나가는 척을 하고 몇 초에 한 번씩 "정말 신발 안 신을 거야?", "학교 안 가는 날이었나?"와 같은 말을 한다. 이때 부모의 말투에는 빈정거림이 느껴지지 않고, 오히려 여유가 묻어나야 한다. 성공의 비결은 인내하고 타이밍을 노리며 유머를 갖는 것이다. 호들갑을 떨지 않는다. 특히 친절하게 말하고 행동하라.

아이가 아무래도 옷 입을 생각이 없어 보인다면? 일단 잠옷 바람의 아이를 차에 태우자. 아이가 '자동차' 그림이 잔뜩 그려진 잠옷 차림으로 학교에 가서 망신당하게 두라는 뜻은 아니다. 미리 아이 옷을 챙겨두었다가 차에서 내리기 전 아이가 혹시 옷이 있냐고 물어보면 이렇게 대답하면 된다.

"걱정 마, 얼른 입자. 다음에는 어떻게 해야 하지?"

아이는 분명히 이렇게 대답할 것이다.

"옷 입고 나올 거야."

다시는 이와 같은 일이 반복되지 않을 것이다. 엄마로서 맹세할 수 있다.

꼭 기억하자!

부모 입장에서는 아이들이 이런저런 규칙을 따라주었으면 한다. 하지만 작은 것이라면 아이들이 직접 경험하도록 기다려주자. 아이들과 싸우기보다는 아이들과 협력하자. 그래야 아이들이 독립적이고 성숙하게 자라도록 도울 수 있다.

🗨 진심 어린 동기를 부여하자

안타깝지만, 동기를 부여한다고 모든 아이들이 알아서 말을 잘 듣는 것은 아니다. 아이들에게 책임감을 심어주기 힘든 상황도 있다. 부모가 너무 피곤하여 인내심이 바닥이 난 상황이 그렇다. 나 역시 남편과 함께 육아나 살림을 분담해서 하지만 직장에서 오는 스트레스나 누적된 육아로 인해 감정 조절이 안 될 때가 있다.

조금 힘들더라도 아이들에게 감정적으로 윽박지르거나 협박하지 말고 동기를 불어넣어 줄 수 있도록 노력하자. 평소에 하던 말투를 조금만 긍정적으로 바꿔도 결과가 완전히 달라지는 것을 경험해 볼 수 있을 것이다.

누구나 상식으로 알고 있는 기본 원칙을 되새겨보자. 말하기 전에 입 주변 근육을 움직여 경직된 몸을 풀어보자. 긴장을 풀고 자연스레 긍정적인 말들을 곱씹어보자. 같은 말을 해도 이왕이면 쿨하고 부드러운 말투로 하라는 뜻이다. 즉, 아이들을 위협하기보다는 동기를 부여해 아이 스스로 달라질 수 있는 기회를 주자. 진심 어린 부모의 조언은 아이의 내면을 성장케 한다.

쏠쏠 육아 Tip

긍정적으로 아이와 대화하는 방법 ①

- "방 안 치우면 같이 안 놀아준다." 대신 **"방 다 치우면 말해. 그다음에 같이 놀자."**라고 말한다.

- "양치질 안 하면 이야기책 안 읽어준다." 대신 **"자, 얼른 양치해야지. 그래야 이야기책 읽을 시간이 있지."**라고 말한다.

- "퓨레 안 먹으면 아이스크림은 없는 줄 알아." 대신 **"자, 퓨레 먹자. 그래야 그다음에 아이스크림 먹지."**라고 말한다.

- "얼른 옷 안 입으면 회전목마 타러 안 간다." 대신 **"얼른 옷 입자. 그래야 문 닫기 전에 회전목마를 탈 수 있지."**라고 말한다.

아이가 부모 말을 따르도록
유도하는 기술

물론 회전목마 타는 일이나 아이스크림과 같이 아이가 좋아하는 대안을 제시하면 아이를 달래기 쉽다. 하지만 잠자고 싶지 않은 아이를 잠들게 하거나 친구 생일 파티에서 그만 놀고 얼른 집에 오라고 하는 일이라면 더 복잡하다. 이럴 때는 어떻게 할까?

미리 알려주고 협조를 구한다

어느 토요일, 나는 조금 서두르고 있었다. 시간 여유를 가지고 싶다고 자주 말하지만 우리 부부는 전형적인 파리지엔답게 해야 할 일이 많아 늘 분주하다. 나도 막판에야 서두르는 편이다. 그리고 꼭 한창 바쁠 때 아이들이 우리의 발목을 잡는다. 당시 우리 아이들은 잠옷 바람으로 한참 논 다음에야 목욕을 했다. 5분이 지나자 내 입에서 이런 말이 나왔다.

"자, 어서 나가자. 동물원 가야지."

동물들을 보러 가자고 하면 아이들이 즉각 나의 제안을 따를 줄 알았다. 나는 아이들과 빨리 나가기 위해 욕조의 물을 빼기 시작했다. 그러자 조이가 나를 막으며 짜증을 냈다.

"안 돼, 물 빼지 마. 욕조에 계속 있고 싶단 말이야."

2분이면 충분히 모든 것이 정리될 것이라고 생각했으나 내 예상과 달랐다. 당황스러운 나머지 마음이 더 조급해졌고 내 생각대로 밀고 나가야

겠단 마음이 굽혀지지 않았다.

"동물원 가자 빨리. 늦장만 부리면 너희들만 후회할걸?"

나는 욕조의 물을 계속 뺐다. 물이 사라져갈수록 점점 더 분위기가 심각해졌다. 잠시 생각했다. 조이가 짜증을 낸다고 내가 어떻게 뭐라고 할 수 있을까? 사실 시작은 내가 먼저 했는데 말이다. 입장 바꿔서 내가 욕조 안에 있는데 남편이 갑자기 들어와 물을 빼며 얼른 나오라고 명령하듯이 말한다면 나는 어떤 기분일까?

이런 상황이 싸움으로 번지지 않게 하려면 미리 알려주는 것이 좋다. 그러면 아이도 심리적, 물리적으로 준비할 수 있다. 아이가 적극적으로 협력할 준비를 할 수 있다는 말이다.

아이들도 하고 싶은 것이 있고 나름의 계획도 있다. 아이의 계획이 부모의 것과 맞지 않는다 하더라도 중단하기 전에 미리 시간을 주고, 배려하는 것이 좋다. 우리가 너무 자주 불평하면 아이들은 지금 하는 일에 집중할 수 없다. 아이들은 하고 있는 것에 흠뻑 빠져 현재 지금 이 순간을 열심히 즐기고 있을 뿐인데 말이다. 아이들이야말로 인생을 제대로 살고 있지 않은가!

나 역시 큰 소리로 닦달하며 욕조의 물을 빼는 대신 아이에게 먼저 협조를 구했다면 쓸데없이 감정싸움을 하지 않아도 됐을 것이다. 사실, '지금 욕실에서 안 나오면 동물원 안 간다.'라는 맥락의 말을 건네도 부모의 말투에 따라 아이들의 태도는 완전히 달라질 수 있다. 조이의 반응에 당황한 욕실 사건에서도 나는 이렇게 말했어야 했다.

"조이, 그런 식으로 말하기보다는 '엄마, 욕실에 좀 더 있고 싶어요. 제발 욕조의 물 빼지 말아요'라고 말하는 것이 좋아."

그리고 나는 조이에게 10분간의 여유를 더 주면 어땠을까? 물론 내가 먼저 건드렸다고 조이가 내게 좋지 않은 말투로 대답한 사실을 그냥 넘어가도 되는 것은 아니다!

쏠쏠 육아 Tip

긍정적으로 아이와 대화하는 방법 ②

- "조이, 장난감 놀이방은 다음에 오고 집에 가서 편하게 목욕해야지. 5분 더 놀아도 돼. 괜찮지?"

  아이와 함께 결정하고("괜찮지?") 시간을 준다. 그리고 우리의 제안에서 긍정적인 부분을 강조한다("5분은 더 놀아도 돼.").

- "엄마....... 아직 성을 다 못 쌓았어"

  "성을 다 만들고 싶은 것은 알겠는데(언제나 공감하는 모습), 다음 주에 다시 와서 마저 만들자."

  "아냐, 엄마. 성은 다 치워질 거라서 다음에도 못 끝낼걸."

  아이가 지금 당장 집에 갈 수 없는 이유를 이해하기 위해 아이의 말에 귀 기울이자.

  "좋아, 그럼 10분 더 하다 가자. 그동안 성 다 만들 수 있겠지? 하지만 빨리 만드는 거다, 알겠지?"

  눈치 빠른 부모라면 처음부터 아이가 제시간에 나가지 않으려 할 것이라 예상할 테니 미리 생각해둔 시간 여유를 아이에게 더 준다(그렇다, 미리 상황을 예상한 부모가 언제나 더 주는 시간은 10분!). 이런 방법은 여러 상황에서 통한다.

• **"목욕하고 나서 어떤 이야기 책을 읽고 싶니? 좋아. 욕실에서 얼른 나와야 시간이 있겠지, 그렇지?"**

아이와 함께 결정한다는 느낌을 주기 위해 "그렇지?"라고 묻는 것이다. 이렇듯 아이에게 시간을 더 주고 같이 결정하면 아이는 보다 협조적으로 나온다. 동물원에 빨리 가자고 할 때도 이렇게 말하면 좋다.

"욕조에 계속 있고 싶구나. 그런데 이렇게 욕조에 오래 있으면 동물을 다 볼 수 없을 텐데 괜찮겠어? 얼른 욕조에서 나와 동물원을 둘러보는 것이 더 좋지 않을까?"

아이가 욕조 안에서 꾸물거리지 않았으면 좋겠다는 생각이 들면 구체적인 상황을 예시로 들려주자.

"동물원에 오래 있으면서 동물을 다 보고 싶니? 그래? 그럼, 이제 얼른 욕조에서 나오자."

- -

여유를 갖는다

조이도 다른 아이들처럼 꾸물대는 것을 좋아한다. 언제나 현재 하고 있는 일에 정신이 팔려 있다. 지금 이 순간을 즐기는 셈이다. 아이들이 노는 모습, 다른 사람들은 신경 쓰지 않고 큰 소리로 떠들어대는 모습을 지켜보자. 아이들은 그야말로 100% '무아지경'에 빠져 있다. 과거나 미래를 생각하지 않고 현재에만 집중해 지금 이 순간을 즐긴다. 신경과학 연구에 따르면 무아지경 상태야말로 행복을 만드는 열쇠라고 한다.

어른들은 시간에 쫓겨 살며 투덜거릴 때가 많다. 우리도 아이들을 본받아 천천히 여유를 즐길 수 없을까? 아이가 회전목마 타러 가는 길에 강아지나 데이지꽃을 본다고 해보자. 아이가 원하는 만큼 보게 한다면 어떨까? 회전목마 타러 가는 것이 늦어지면 어떤가. 아이가 마음껏 욕조에 있는다 해도 길어야 10분일 텐데, 10분 좀 기다렸다고 우리의 하루 일정이 정말 흐트러질까? 왜 아이에게 어서 동물원에 가자고 다그칠까? 어쨌든 동물원은 아이를 위해서 가는 것인데 말이다. 아이가 악어와 플라멩고를 보는 일보다 1시간 동안 원숭이를 보고 싶어 한다고 해서 무엇이 문제인가? 그 덕분에 우리도 평소 여유가 없어 보지 못한 동물들을 자세히 관찰할 수 있는 기회가 아닐까?

아이가 친구들이 여전히 놀고 있는 생일파티에 계속 있고 싶어 한다면, 아이가 한창 즐거운 해변에서 떠나고 싶어 하지 않는다면, 아이가 거리에서 음악가의 연주를 계속 듣고 싶어 한다면, 우리도 한 번 같이 즐겨보자. 가끔은 부모도 숨 쉴 여유가 있어야 한다. 어쩌면 이것은 아이들이 우리에게 일깨워주는 교훈일지 모른다.

잠시 쉬어간다

아이들에게 시간적 여유를 줌으로써 우리도 덩달아 시간을 벌 때가 있다. 나는 무의식중에 남편 옆에서 '잠시 멈춤+행동하기' 기술을 배웠다(몇 초의 여유, 잠시 멈춤으로써 우리가 하는 행동을 생각하고 뒤틀린 삶을 바로

잡는 시간이다. 충동적인 우리의 행동을 잠시 멈추는 기술이다). 남편은 일상에서 매우 자연스럽게 이 기술을 사용한다. 한 번은 조이와 레옹은 장난감 가게에서 강아지 인형을 갖고 놀고 있을 때의 일이다.

"자, 장난감 갖고 놀도록 해주신 아주머니에게 감사하다고 해야지. 이제 가자."

당연히 아이들은 계속 놀고 싶어 했다. 자칫 잘못했다간 힘 빼기 십상인 상황이었다. 이럴 때 우리가 여유 없이 서두르고 아이들에게 얼른 말들으라고 명령조로 말하면 상황이 어렵게만 흘러갈 수 있다. 하지만 우리가 '쿨함'을 유지하면서 잠시 쉬는 셈 치고 아이들의 놀이에 관심을 보이면 어떤 상황이 벌어질까?

"이 강아지, 진짜 강아지처럼 보여? 아니면 인형 같아?"

아이들과 잠시 이야기를 나눈 다음 장난감을 다시 제자리에 놓자고 할 수 있다. 이렇게 하면 분위기는 훨씬 화기애애해진다.

'잠시 멈춤+행동하기' 기술은 일상의 많은 상황에서 효과를 볼 수 있었다. 한 번은 레옹이 티셔츠를 입지 않으려고 짜증을 내었는데 남편은 별 말 없이 레옹이 잠시 놀게 놔뒀다. 그리고 그 틈을 이용해 세탁기를 돌렸다. 그로부터 2분 후, 레옹은 다른 것에 정신이 팔려 있어 남편은 그 틈을 이용해 레옹에게 티셔츠를 쉽게 입혔다. 결국 남편은 2분을 '버리기로' 한 것처럼 보이지만 결과적으로는 '시간과 에너지를 낭비하지 않은 셈'이다.

이 방법이 별것 아닌 방법 같지만 관대해지고 싶은 부모나 옛날 방식의 교육을 고수하는 부모나 양쪽 모두에게 그리 쉽지만은 않게 느껴질 때가 있을 것이다. 이어서 나는 육아를 함에 있어 전형적으로 빠지기 쉬운 두 가지 함정을 이야기하고 이 함정에 매몰되지 않도록 나의 방법을 소개하려 한다.

• 함정 1번 : 끝없이 설명하는 태도

매주 일요일, 우리 부부는 아이들을 오후 5시에서 저녁 8시까지 친정이나 시댁에 맡기거나 베이비시터에게 맡긴다. 아이들을 맡긴 덕분에 남편은 친구들과 축구하고, 나는 블로그를 작성하며 주말을 즐긴다.

어느 날 저녁, 집에 돌아와 보니 베이비시터가 조이에게 잠옷을 입히려고 씨름하고 있었다. 베이비시터는 조이에게 억지로 잠옷을 입히려고 조이를 혼내거나 윽박지르지 않고 다정한 말투로 조이에게 잠옷을 입자고 설득 중이었다.

"조이, 잠옷 입자."

"싫어요, 안 입어요."

"그래도 입어야 해. 옷 벗고 저녁을 먹을 수는 없잖아. 그리고 잠옷을 안 입으면 추울 거야."

"잠깐, 인형 좀 재울래요."

"조이, 잠옷 입자. 엄마 오실 때 조이가 잠옷 입고 있었으면 좋겠는데."

베이비시터는 이렇게 저렇게 조이를 구슬렸지만 전혀 먹히지 않았다. 아이들은 현재의 순간과 감정에 집중할 뿐, 합리적인 설명에 별 신경을 쓰지 않는다. 이런 경우에도 잠시 쉰다고 생각하고 2분 동안 다른 일을 한다. 그다음에 조이에게 돌아와 은근슬쩍 잠옷을 입히는 편이 서로에게 낫다.

나도 가끔 '급행 기술'을 사용할 때가 있다. 이는 말 대신 행동으로 보여주는 기술이다. 아주 교육적인 기술은 아니지만 아이와 씨름할 필요 없이 목적을 이룰 수 있는 실용적인 기술이다. 예를 들어, 화장실 가는 것을 참고 있는 아이를 화장실로 데려가는 것이다. 이때 아이에게 취하는 부모의 행동은 최대한 부드러워야 한다. 그리고 아이를 향해 "화장실에서 볼일을 다 보면 재밌고 신나는 동화책을 읽을 수 있어"와 같은 말 한마디 해주자. 수십 번 입 아프게 떠들 필요가 없다.

아이가 어떠한 목적을 갖고 집중해 있는 상황을 엎어버리라는 뜻은 절대 아니다. 가끔은 부모가 먼저 부드럽게 행동으로 옮기는 것이 이성적으로 따지는 것보다 효과적일 때가 있다.

• 함정 2번 : 지금 당장 아이가 말을 듣게 하고 싶다는 조급함

"서둘러. 어서 와. 간다!"

아이를 재촉하는 일이 하루에 몇 번이나 될까? 그러고도 아이들이 말을 듣지 않아 짜증 낸 일은 또 몇 번이나 될까? 권위적으로 말한다고, 손짓이나 눈빛만으로 아이들이 부모의 말을 알아들을 것이라 생각하면 정말 큰 착각이다.

훨씬 효과적인 방법이 있다. 여유 있게 아이에게 다가가 몸을 낮추고 눈을 보며 "자, 가자."라고 말하는 기술이다. 혹은 아이의 손을 잡고 "다음

에 이 공원 다시 올까?"라고 말을 시킨다. 이 방법을 쓰려면 앞에서 언급한 것처럼 출발하기 5~10분 전에 미리 알려준다.

게임 방식을 이용한다

'잠시 멈춤+행동하기' 기술이 통하지 않을 때는 어떻게 해야 할까? 채소를 좋아하지 않는 아이들에게 채소를 억지로 먹이는 일을 생각해보자. 아이가 입을 벌리지 않는다고 강제로 입을 벌려 콩을 쑤셔 넣을 수는 없다. 양치질도 마찬가지다. 이 경우에 내가 추천하는 최후의 방법은 다양한 상황에서도 효과가 좋은 '게임 방식'이다. 게임 방식을 이용한다고 아이를 속이는 것은 아니다.

요즘 마케팅, 앱, 소프트웨어 전문가들이 많이 사용하는 '게임화 Gamification'라는 표현을 들어봤을지 모르겠다. 공동의 목표를 이루려는 목적 아래 게임을 활용함으로써 사람들이 활발히 의사소통하고, 서로 돕도록 하는 동기부여 방식을 '게임화'라고 한다. 예를 들어 waze앱(운전자 커뮤니티의 도움을 받아 실시간으로 교통 정보를 줄 수 있다는 점에서 구글 맵보다 강력한 GPS)은 게임화 방식 덕분에 성공을 거두었다. 무엇 때문에 운전자들이 도로 상황 정보를 공유하는지 궁금할지도 모르겠다. 간단히 말해 게임에서처럼 상을 받기 때문이다(별, 마카롱, 왕관!).

우리는 사적인 영역이든 공적인 영역이든 사람들에게 동기를 부여하는 기술이 있어야 성공할 수 있는 사회에 살고 있다. 우리의 재능을 사용해 아이들에게 동기를 부여해주자. 그러면 아이들도 다른 사람들을 대할

쿨한 부모 행복한 아이

때 단순히 지시를 내리기보다는 협력을 이끌어내기 위해 동기부여하는 법을 배울 것이다.

　게임은 아이들만 좋아하는 것도 아니다. 아이들에게 게임은 어른들의 약속과 같은 개념이다. 게임과 약속은 주로 의사소통을 사용한다는 점에서 비슷하다. 덧붙여 게임은 아이들에게 최고의 학습 도구이기도 하다.

　상상력을 동원해보자. 나는 우리 아이들에게 양치하라고 계속 잔소리하는 대신 휴지심으로 스피커를 만들어 서커스 곡예사나 로봇 목소리를 흉내 내 "신사숙녀 여러분, 양치할 시간입니다!"라고 알린다. 아이들을 욕실로 데려갈 때는 장식용 끈으로 놀이하듯 데려간다. 효과 만점이다. 이 밖에도 비누칠할 때는 '눈사람' 작전을 사용한다. 비누 거품을 온몸에 많

이 묻혀 눈사람처럼 변신하는 놀이다. 그러면 효과 만점에 재미까지 있다.

청소할 때는 아이들이 스스로 방을 치울 수 있게 타이머나 모래시계를 사용해도 좋다. 아이가 여러 명 있다면 경쟁심을 부추기지 말고 모래시계 속 모래가 다 흘러내리기 전까지 함께 방을 치우도록 동기를 부여해야 한다. 옷 입는 것도 마찬가지다. 한 명이 끝내면 다른 형제가 옷 입을 수 있게 도와 함께 주어진 시간 동안 옷을 다 입도록 해야 한다.

시합도 효과 있는 고전적인 방식이지만, 모두 상을 타야 한다는 조건 때문에 권하고 싶지는 않다. 아이들을 주눅 들게 만드는 것이 아니라 동기를 부여해주는 것이 목표이기 때문이다. 놀이를 할 때도 아이들 모두가 이길 수 있는 놀이여야 한다.

아이들 시선에 맞춘 역할극 놀이도 효과적이다. 이는 선생님 놀이와 같이 특정 사람이 되어보는 놀이다. 아이가 좋아하는 동화책 속 왕자나 공주, 기타 그 밖의 인물 어느 누구도 좋다. 좋아하는 캐릭터의 역할극 놀이를 통해 관심을 유도하는 것이다. 조이의 경우 공주 놀이를 좋아하는데 식사를 마치고 가끔 나는 조이에게 "공주님, 접시 좀 치워주시겠습니까?" 라고 말을 한다. 조이나 레옹은 이 상황이 즐거워 깔깔거리며 웃는다. 이 순간 아이들은 "싫어요"라는 말을 하지 않는다. 배도 부르고 기분도 유쾌한 나머지 "오늘 식사 정말 감사했습니다. 맛있었어요. 그럼 제가 먹은 접시는 제가 치우도록 할게요."라며 예의 바른 공주님의 말투로 상황을 즐긴다.

노래하기 게임도 좋다. 이는 내가 발명한 전매특허 게임이다. 아이들이 꾸물거리며 식사할 때 사용하면 최고다. 게임의 규칙은 이렇다. 동물

그림카드를 보여준다. 아이는 카드 속 동물이 나오는 노래의 이름을 알려 주어야 한다. 다음 카드로 넘어가기 전에 아이는 조금씩 먹는다. 반드시 기억하자. 싸움도, 위협도 아닌 게임이다!

동화나 동요로 아이의 관심을 끈다

이야기나 노래를 좋아하는 아이에게는 관심사에 맞는 분야로 다가가는 것이 좋다. 나 또한 양치를 싫어하는 아이들에게 짧은 동화를 즉흥적으로 만들어 들려준 적이 있다. 그중 하나를 예시로 들어보겠다.

"안녕, 나는 칫솔이야. 오늘은 누가 씻어야 할까? 이런, 너 많이 지저분해 보여."

"응, 오늘 설탕 목욕을 했더니 덕지덕지 달라붙어서 지저분해."

"우리 윗니도 그래!"

윗니들이 말한다.

"칫솔질 10번은 해야겠어. 아랫니도 살펴봐!"

이번에는 아랫니들이 말한다. 이 상황을 가만히 즐기던 아이는 다음과 같이 말한다.

"엄마! 좀 더 박박 닦아줘!"

다음으로 편식하는 아이를 위해 배 속 축제에 가고 싶은 브로콜리들의 이야기도 만들 수 있다.

"안녕, 너희들 배 속에서 큰 축제가 열린다던데. 나는 춤을 아주 좋아하거든. 너희들 배 속으로 가도 돼?"

"우리는 같이 온 동생들이야. 우리도 너무 가고 싶어. 그리고 우리는 멋진 음악도 가져왔어."

그리고 이어서 브로콜리 사촌들, 브로콜리 선생님, 브로콜리 DJ를 등장시킨다. 열심히 머리를 굴려 새로운 브로콜리 인물들을 상상해보자. 아이들의 흥을 돋우는 노래를 불러줘도 된다. 상상력이 부족하다고 걱정할 필요 없다. 유튜브YouTube를 찾아보면 좋은 영상들이 있다. 아이들은 영상을 좋아하니 더욱 효과적이다.

그림 포스터를 만든다

그림 포스터도 책임감을 심어주며 재미있어서 효과적이다. 양치하는 법, 손 씻는 법, 화장실을 매너 있게 사용하는 법을 소개하는 포스터를 예를 들 수 있다. 아이들은 포스터 속 그림대로 따라하고 그림마다 무슨 뜻인지 알아가는 것을 즐긴다. 이 밖에도 경우에 따라 '깜짝' 포스터를 사용할 수도 있다. 머리 감기를 위해서는 머리에 샴푸 거품을 가득 낸 아이의 재미있는 포스터를 욕실 문에 붙이면 된다. 경우에 따라 더러워진 옷을 가져오라고 부탁하는 그림 포스터도 있다. 다음과 같은 것들이다.

이곳에서는 지저분한 옷들을 위한 파티가 열립니다. 얼룩, 코딱지, 똥이 묻어서 냄새가 고약한 옷들은 전부 여기로 가져와주세요. 지저분한 친구들과 함께하고 싶어요.

아이가 글을 읽지 못해도 상관없다. 글을 모르면 아이는 알아서 포스터에 적힌 글이 무슨 뜻이냐고 물어본 후 놀이하듯 따라할 것이다. 이처럼 그림 포스터를 만들려면 마음이 차분하고 유머 감각이 있어야 한다. 그 과정에서 여유를 갖고 일상의 반복되는 지루한 순간을 재미있는 농담으로 바꿀 수 있다.

모범을 보인다

다시 한번 강조하지만 어린아이들은 무엇보다도 모방을 통해 배운다. 모방이 주는 힘은 대단하다. 그러니 먼저 모범을 보이자. 아이들과 같이 하는 것이 좋은 방법이다. 같은 시간에 양치하고 저녁 먹고 옷을 입자. 이를테면, 나의 블로그 구독자 중에는 자녀가 기본예절인 인사를 하지 않아 고민인 부모도 많았지만 처음 말을 배울 때부터 "안녕하세요?"라고 붙임성 있게 말했다는 가족도 훨씬 많았다.

"아들은 두 살이 되자 '안녕하세요?'라고 인사했어요. 위의 누나들은 다섯 살과 열 살인데 역시 두 살 때 '안녕하세요?'라고 인사했어요. 어른들은 반사적으로 '안녕하세요?'라고 인사하잖아요. 아이들도 때가 되면 반사적으로 인사하는 것 같아요. 제가 시킨 적도 없는데 아이들이 알아서 인사하거든요. 인사하라고 강요한 적은 없는데 말이에요."

위 사연과 같은 가정에서는 공통점으로 부모가 아이들에게 인사를 강요하지 않는다는 점을 발견할 수 있었다. 배우지 않고도 아이들이 스스로 인사하는 이 마법처럼 신기한 일은 무엇일까? 유독 수줍은 성격이라 모르는 사람들에게 '안녕하세요?'보다 '안녕히 가세요!'라는 인사를 쉽게 하는 아이들도 있지만, 그보다 중요한 것은 강요하지 않는 것이다. 나는 구독자들의 글을 읽으면서 아이는 강요받을수록 반항하고 부모와 맞선다는 사실을 깨달았다.

한 번은 조이를 상대로 실험해보기로 했다. 조이를 안고 있던 나는 동네 친구를 만날 때면 먼저 "안녕? 반가워!"라고 말을 걸었다. 조이는 내 품에 안긴 채 나의 행동을 유심히 관찰했다. 이어 조이의 눈높이에 맞춰

"안녕하세요. 아주머니?"라고 재차 인사했다(조이의 입장에서 흉내를 낸 것이다). 관찰이 끝난 조이는 나를 따라 친구에게 "안녕하세요."라고 말문을 뗐다. 모범을 보인 것이 먹힌 셈이다! 나는 멈추지 않고 조이의 귀에 대고 작게 속삭였다. "조이가 인사하니까 아주머니가 엄청 좋아하시는 것 같네?"라고 말이다.

이후 조이는 친구를 만나면 신나게 달려가 "안녕?"이라고 외친다. 선생님, 하원을 마중 나온 베이비시터, 누군가가 보여주는 아기들, 좋아하는 빵집에서 자주 만나는 친구들에게도 말이다. 물론 상황에 따라 조이가 인사를 하지 않을 때도 있지만 이럴 때는 말보다 열 배 이상 다정한 태도를 보여준다.

상황에 따라 조이가 처음 만나는 사람에게 인사를 해야 하는 상황이 오면 나는 친절하게 조이에게 부탁한다. 내 부탁에도 불구하고 인사를 하지 않는다고 혼내지 않는다. 지금 내 마음 편하자고 강제로 인사를 시키고 싶지 않아서다. 부모가 모범을 보이면 아이들도 자동반사적으로 인사하므로 굳이 압박할 필요가 없는 것이다. 언젠가 아이도 즐거운 마음으로 인사하면 본인 스스로 만족감을 느끼는 순간이 오기 때문이다.

💬 반복되는 다툼의 원인을 파악하자

이제까지 살펴본 방법을 사용하거나 인내심과 유머를 활용해도 간혹 당혹스러운 상황이 생긴다. 첫째 아이는 옷을 입지 않겠다고 하고, 둘째 아이는 식탁에 삐딱하게 앉아 있고, 막내 아이는 산책할 때 더 이상 걷지 못하겠다고 하는 상황이 그렇다.

일상을 엉망으로 보내지 않으려면 잠시 여유롭게 생각해보자

가정마다 일상을 짜증스럽게 하는 것들이 있다. 우리 집은 조이가 아침에 혼자 옷을 입지 않아 벌이는 전쟁, 길에서 걷기 싫다고 매번 멈추거나 안아줘야 하는 일이 일상 속 스트레스로 다가온다. 몇 주 동안 전쟁을 벌여도 아무 성과가 없자 우리 부부가 깨달은 사실이 하나 있다. 모든 방법이 다 통하는 것은 아니라는 것! 그리고 우리가 계속 강요하면 할수록 결국 일상이 전쟁터로 변한다는 사실이다.

내가 아이들에게 무리한 부탁을 한 것일까? 레옹 나이 때(레옹은 세 살) 조이는 함께 장을 보러 가도 아무 문제없이 잘 걸었다. 그러나 이것은 말도 안 되는 비교다. 어른들도 모두 열차표를 끊고 세금 신고하는 법을 머리로는 잘 알지만 막상 직접 해보면 사람마다 느껴지는 난이도가 다 다르기 때문이다.

레옹은 조이와 달리 여유를 갖고 꽃을 보거나 재잘거리는 것을 좋아한다. 우리는 레옹과 함께 시장에 갈 때면 시간과 에너지를 지나치게 많이 쓰는 편이다. 결국 레옹을 안거나 유아차에 태우면서 이 순간도 지나갈 것이라며 마음속 짜증을 누른다.

조이는 혼자서 옷을 잘 입는 편이지만 매일 아침 혼자 옷 입는 것만큼은 귀찮은 듯하다. 그래도 우리 부부는 조이가 혼자서 옷을 입었으면 했다. 그래야 조이가 독립심을 기를 수 있을 뿐만 아니라 우리도 마음 편히 아침 식사할 여유가 생기기 때문이다. 결과적으로는 조이에게 혼자 옷 입으라고 잔소리하느라 시간을 더 많이 잡아먹었다. 차라리 3분을 투자해 조이에게 옷을 입혀주는 편이 나았다. 쓸데없이 시간도 버리지 않고, 전쟁을 치루지 않아도 되니까.

이제 초등학교 1학년이 끝나가는 조이는 종종 아침에 혼자 옷을 입어보려고 노력한다. 조금씩 혼자 옷 입는 습관이 자리 잡아간다. 아이들은 준비가 안 되었을 뿐이다. 아이들의 속도를 존중해주고 가끔은 포기하는 법도 배우자. 집안 분위기가 좋아야 아이들이 성숙하게 자랄 수 있다.

함께 해결책을 찾자

일상에서 벌이는 전쟁은 어른에게도, 아이에게도 진 빠지는 일이다. 그렇다면 함께 이 악순환을 끝낼 해결책을 찾아보면 어떨까? 가족 모두 탁자 주변에 앉아 참기 힘든 부분을 이야기하자.

"저녁마다 혼자 준비하고 식탁 차리는 게 힘들어. 너희들에게 도와달라고 계속 잔소리하고 신경질 부리고 싶지도 않고. 어떻게 하면 이 문제를 해결할 수 있을까?"

마음에 안 드는 아이디어라도, 문제 해결 아이디어가 나올 때마다 메모한다. 그 아이디어들을 다시 읽어보며 각자 의견을 접수한다. 그중 모두에게 좋은 해결책을 선택한다. 선택된 해결책을 커다란 종이에 써붙여도 좋다. 아이가 너무 어려 스스로 생각하기 힘들어하면 먼저 현실적인 해결책을 제시한다.

"앞으로 몇 주 동안은 내가 저녁을 준비하겠지만 일주일에 한 번은 너희들도 식탁 차릴 때 엄마, 아빠 좀 도와줄래?"

아이가 협조적으로 나오면 성공이다. 아이에게는 꼭 실천할 것이라 믿는다는 표현을 해준다. 끝으로 종이에 커다란 표를 그려 일주일 동안 할 일을 포스트잇에 적어 붙인다. 포스트잇 하나에는 아이가 할 일, 포스트잇 여섯 장에는 부모가 할 일을 적는다. 아이가 해낼 때마다 꼭 잘했다고 칭찬해줘야 한다. 아이가 의욕을 보이면 다음에는 일주일에 두 번 할 일을 정해준다.

쏠쏠 육아 Tip

아이에게 협조를 이끌어내는 방법

- 아이와 관계된 일은 스스로 하도록 책임감을 심어준다.
- 윽박지르기보다는 긍정적인 문장으로 말한다.
- 준비할 시간을 미리 알려준다.
- 아이와 함께 결정한다.
- 휴식을 취한다(잠깐 여유를 갖는다).
- 아이가 하는 일에 관심을 갖는다. 아이의 관심을 다른 곳으로 돌린다.
- 행동으로 옮긴다.

- 게임 방법을 이용한다.

- 그림 포스터를 만든다.

- 모두에게 좋은 해결책을 찾는다.

- 이룰 수 있는 목표를 차근차근 정한다.

- 잘 했다고 칭찬해준다.

- 뒤로 물러나 생각한다("정말로 이렇게 서두를 일인가? 여유를 좀 가지면 안 되나? 서로 옥신각신하는 것이 무슨 소용이 있을까? 아이와 전쟁을 벌인다고 교육적인 효과가 있을까? 안 되는 것은 단념하는 것이 이득 아닐까?").

3

이해되지 않는 아이들의 행동에
어떻게 반응해야 할까?

아이들은 일상생활에서 갑자기 비이성적이거나 충동적으로 행동할 때가 있다. 아이가 장난감이 마음에 안 든다며 세게 집어던지거나, 배고 프지 않다며 음식을 '퉤' 하고 뱉거나, 부모를 '툭' 치거나, 어른에게 버릇 없이 구는 상황이 그렇다. 부모 입장에서는 아이들이 이처럼 이해되지 않 는 행동을 할 때 화가 치민다. 그렇다고 부모의 감정대로 아이를 몰아세 우는 것도 답은 아니다.

막무가내인 아이를 말릴 방법은 없을까? "그렇게 행동하면 못 써."라 고 잔소리를 해야 할까? 나는 여러 실험 결과, 아이의 '감정 읽기 3단계' 방법을 발견했다. 이 방법이 다양한 가정에서도 쓰임새 있게 통하기 바라 며 파이팅!

쿨한 부모 행복한 아이

- 1단계 아이를 이해하려 노력한다.
- 2단계 아이의 입장에서 공감하며 진지하게 대화한다.
- 3단계 행동으로 실천한다.

💬 울고, 때리고, 떼쓰는 아이

4월이 되면 우리 가족은 가끔 주말에 조부모님이 살고 있는 시골로 가서 신선한 공기를 쐰다. 도시가 편리하기는 해도 시골에 가야 아이들이 풀밭을 뛰어다니고, 나무장작을 모으고, 달팽이를 관찰하면서 진정으로 아이답게 놀 수 있다고 생각한다.

어느 주말이었다. 점심을 든든하게 먹고 나서 우리 부부는 소파에 털썩 앉았다. 눈이 스르르 감겨오자 우리는 낮잠 잘 준비를 했다. 바로 그때였다. 네 살 난 조이가 내게 다가오더니 같이 그네를 타자고 했다. 나는 조이에게 지금은 졸리니까 낮잠 한숨 자고 같이 가겠다고 했다. 남편의 대답도 나와 같았다. 하지만 조이는 계속 떼썼다. 눈이 반쯤 감긴 나는 조이에게 계속 안 된다면서 기계적으로 대답했다. 그런데 갑자기 조이가 나를 '탁' 치더니 소리쳤다.

"엄마, 아빠는 나빠!"

나는 조이의 행동에 화가 날 뻔했다. 부탁을 안 들어줬다고 엄마에게 손찌검을 쓰다니! 봐주기 힘들 정도로 도가 지나친 행동이었다. 조이에게 구석에 서 있으라고 벌을 세워야 할지 고민이 앞섰다. 앞에서 살펴봤지만 아이가 공격적으로 나온다고 부모도 똑같이 반응하면 아이의 태도는 나아지지 않는다. 그렇다면 이런 상황에서는 부모로서 아이에게 어떻게 행동해야 할까?

아이의 행동 때문에 아무리 기분이 나빠도 이것 하나는 꼭 기억하자. 아이나 어른이나 부정적인 감정을 느낄 때 행동도 곱게 나오지 않는다는 사실. 태어나면서부터 못된 사람은 없지만 주변 환경 때문에 못된 사람이 될 수는 있다. 아무 이유 없이 사악하게 행동하기로 결심하거나, 재미로 주변사람들을 괴롭히거나 귀찮게 해야겠다고 마음먹는 사람은 아마도 별로 없을 것이다. 합리적인 이유든 아니든, 그 대상이 바로 앞에 있는 사람이든, 전혀 모르는 사람이든, 다른 사람들에게 못되게 구는 데에는 나름의 이유가 있다.

한 가지 예를 들어보기로 하겠다. 내가 살고 있는 건물에는 조금 유별난 할머니 한 분이 계신다. 이 이웃집 할머니는 같은 건물의 주민들을 귀찮게 한다. 그렇다고 할머니가 원래부터 나쁜 사람이었던 건 아니다. 다만 할머니는 하루 종일 너무 외롭고 심심해 죽을 것 같아서 이웃들의 일거수 일투족을 감시하는 일이 유일한 낙일 뿐이다. 그런 할머니를 계속 늙은 마녀로 생각해 할머니의 행동을 비난해봐야 상황은 나아지지 않는다. 시간을 보낼 수 있는 소일거리나 인생의 의미를 찾아야만 할머니는 비로소 사람들을 귀찮게 하지 않을 것이다. 그렇게 되면 이웃들도 더 이상 할머니 때문에 기분 상하는 일이 없을 테고.

빨간 신호등이 켜졌을 때 오토바이 탄 사람이 자동차 운전 중인 우리

에게 백미러도 안 보냐며 욕을 하고 한 대 칠 것처럼 무섭게 나오는 상황
도 마찬가지다. 어쩌면 오토바이 운전자는 자동차에 부딪쳤을까 봐 겁나
서 공격적으로 나왔을 수도 있다. '제가 지금 얼마나 심장 졸였는지 아세
요? 무서웠다고요!'라는 속마음을 들키지 않으려고 괜히 소리 질렀을 수
도 있다는 말이다.

　이웃집 할머니와 화내는 오토바이 운전자 모두 남이기 때문에 우리
가 딱히 할 수 있는 일은 없다. 하지만 상대가 우리 아이들이라면 바람직
하지 않은 행동을 했을 때 왜 이렇게 구는지 이해하기 위해 노력함으로
써 해결 방법을 찾을 수 있다. 아이들을 혼내느라 쓸데없이 에너지를 낭
비하는 것보다는 낫다.

1단계 이해하기

　바람직하지 않은 행동을 할 때도 아이 나름의 이유가 있다. 이렇게 생
각하면 조이를 엄마의 낮잠이나 방해하는 '이기주의자'가 아니라, 어른들
이 점심 먹는 동안 혼자 잘 놀다가 이제는 관심받고 싶어 하는 평범한 어
린아이로 이해하는 마음이 생긴다. 심심했던 조이는 부모와 함께 놀고 싶
을 뿐이다. 내가 잠깐 낮잠을 자고 싶은 것처럼 말이다. 문제는 조이가 마
음을 표현한 방식이다.

　상황을 다른 시각으로 보기 시작하면 무작정 버릇없다고 나무라며
화부터 내는 대신 조이의 진짜 문제를 해결하는 방법을 찾고 싶다는 마
음이 생긴다. 부모는 아이가 폭력 행사가 아닌 다른 방식으로 불만을 표

현하도록 도와야 한다.

현재의 상황을 다른 시각으로 보면 아이를 다른 방식으로 대할 수 있다. 아이를 이해한 후에는 어떻게 해야 할까? 아이에게 바람직한 방식으로 감정 표현하는 법을 가르치려면 어떻게 해야 할까? 아이가 오늘 그리고 앞으로도 감정을 잘 다스릴 수 있게 도와주려면 어떻게 해야 할까?

아이들은 쉽게 감성에 휩쓸린다. 사탕을 사주지 않는다고 화내거나, 장난감을 돌려주려 하지 않거나, 자신을 '어린애' 취급한 친구를 때린다. 아이가 쉽게 감정적이 된다는 것은 과학적으로도 증명된 사실이다. 신경 과학에 따르면 두뇌에서 감정을 조절하는 '전두엽' 부분이 갓난아기 때는 발달하지 않다가 서서히 발달하기 때문이다. 전두엽은 인지 기능, 이성적 사고와 행동, 인식, 언어, 감정 조절을 담당한다. 전두엽은 다섯 살 때까지 형성되다가 청소년기에 성숙해진다.

꼭 기억하자!

아이들에게 아무리 '변덕부리지 마.', '가만히 있어.', '이성적으로 행동해.'라고 말해도 별 효과가 없다. 아이들은 우리가 하는 말을 일부러 안 듣고 감정적으로 행동하는 것이 아니라 두뇌가 아직 성숙하지 않아 이성적으로 행동할 수 없을 뿐이기 때문이다. 우리는 아이들의 전두엽 부분을 발달시켜 아이가 감정을 제대로 조절하도록 도우면 된다.

쿨한 부모 행복한 아이

2단계 아이의 마음을 말로 표현해주기

아이들은 자신의 기분을 제대로 알지 못할 때 버릇없이 군다. 따라서 아이들도 자신의 기분을 제대로 알아야 감정을 조절할 수 있다. 우리 어른들도 마찬가지다. 뚜렷한 이유 없이 동료에게 짜증내거나 공격적일 때가 있지 않은가. 잠시 생각해보면 왜 동료에게 짜증을 내야만 했는지 그 원인을 파악할 수 있다. 동료가 선을 넘었을 수도 있고 동료의 의견이 마음에 안 들었을 수도 있다. 짜증 낸 이유를 이해하면 객관적이게 되고 감정적으로 반응하지 않게 된다.

이후 조이가 낮잠 자려는 나를 '툭' 쳤을 때 나는 말했다.

"심심해서 같이 놀자는 거구나."

이렇게 말하면 조이는 나를 나쁜 엄마라고 단정 짓지 않고 현재 자신이 심심한 것이 문제라는 사실을 깨닫는다. 아이가 스스로 납득하면 함께 진지하게 대화할 수 있다.

3단계 행동으로 실천하기

아이의 잘못보다는 아이가 앞으로 이렇게 행동하면 좋겠다는 것에 초점을 맞춰야 한다. 나는 조이에게 이어서 이렇게 말했다.

"심심하면 '엄마, 심심해. 계속 혼자 놀았단 말이야.' 하고 말하면 돼. 대신 툭 치면 엄마가 화낼 수 있으니까 그런 행동은 안 하면 좋겠어."

그러면 조이는 다음부터 함부로 손찌검을 하지 않고, 자신의 감정을 구체적으로 표현하며 더 이상 심심하다고 남 탓을 하지 않는다. 동시에 우리도 아이가 계속 혼자 놀았으니 이제는 아이와 시간을 함께 보내줘야겠다고 생각한다. 아이들은 심심하면 행동이 엇나간다. 그런 아이들에게 "나 좀 내버려둬."라고 말하는 대신 시간을 보낼 만한 일을 찾아주자!

꼭 기억하자!

무엇을 하지 말라고 단정적으로 금지하는 대신 아이가 이렇게 했으면 좋겠다고 긍정적으로 말해주는 것이 좋다. 물론 부모도 감정을 제대로 표현해야 한다. 부모로서 아이가 부정적인 감정('심심해')을 제대로 표현하도록 이끌어주면 아이는 무조건 남 탓부터 하지 않는다. 말로 차근차근 자신의 감정을 표현하는 습관을 들인다.

쏠쏠 육아 Tip

아이와 싸우지 않는 감정 읽기 3단계

- 1단계 **이해하기** ― 아이니까 심심하다.
- 2단계 **아이의 마음을 말로 표현해주기** ― 아이의 입장에서 아이의 마음을 말로 표현해주자.
- 3단계 **행동으로 실천하기** ― 아이에게 이렇게 했으면 좋겠다고 말해주자. 그리고 아이를 돌보거나 아이가 몰두할 수 있는 활동을 찾아주자.

쿨한 부모 행복한 아이

욕심이 많은 아이

어느 날 아침 조이의 교실에서 본 장면이다. 같은 반 친구인 쥘리에트의 아빠가 출근 전에 교실로 와서 자신의 딸과 반 아이, 이렇게 네 명에게 이야기책을 읽어주려고 했다. 그런데 갑자기 딸아이가 그런 아빠의 손에서 책을 빼앗더니 돌려주지 않으려 했다. 아빠는 당연히 딸을 나무라며 달래려 했다.

"쥘리에트, 책은 반 아이 모두의 것이니까 돌려줘야지. 안 그러면 이야기책 안 읽어준다."

그러자 딸아이는 울음을 터뜨리며 책을 더욱 꽉 껴안더니 "싫어!"라고 외쳤다. 아이라면 흔히 보이는 행동이다. 하지만 쥘리에트의 아빠는 어리둥절해 했다. 그때 옆에서 상황을 지켜본 담임 선생님이 나섰다.

"쥘리에트는 책이 아니라 아빠를 다른 아이들과 나누고 싶지 않은 거구나. 쥘리에트, 아빠가 오직 너만을 위해 이야기책을 읽어주었으면 하는 거네. 그렇지?"

선생님이 쥘리에트의 마음을 정확히 꿰뚫었다. 담임 선생님은 아이가 왜 심통을 부리는지 스스로 이해하도록 도왔다.

1단계 이해하기

선생님은 쥘리에트가 무엇 때문에 심통이 났는지 이해했다. 쥘리에트는 아빠를 친구들에게 빼앗기고 싶지 않았던 것이다.

2단계 아이의 마음을 말로 표현해주기

쥘리에트는 심통이 났다고 솔직하게 말로 표현하며 자신의 기분을 이해한다. 자신의 감정을 파악한 쥘리에트는 들을 준비가 되었기에 아빠와 함께 해결 방법을 찾을 수 있다.

3단계 행동으로 실천하기

쥘리에트가 스스로 해결 방법을 찾도록 도우며 책임감을 가르쳐준다.

"어떻게 할까? 반에는 아이들이 많아. 이 많은 아이가 오지 못하게 막을 수는 없어. 내가 교실에서 너에게 이야기책을 읽어주면 다른 아이들도 들으러 올 거야. 그것을 막을 수는 없지. 이럴 때 쥘리에트는 어떻게 했으면 좋겠어?"

쥘리에트는 대답이 없다. 그럼 몇 가지 방법을 제안해준다.

"네가 하자는 대로 할게. 오늘 아침 교실에서는 아빠가 이야기책을 읽어주지 않고 이따 저녁에 쥘리에트에게만 이 이야기책을 읽어줄까? 아니면 아빠가 오늘 교실에서 이야기책을 읽어주고 다른 아이들도 들을 수 있게 해줘도 될까? 아니면 아빠가 오늘 여기서 이야기책을 읽어주고 저녁에 집에 가서 쥘리에트를 위해 다른 이야기책을 읽어줄까? 어떻게 하면 좋을까?"

쿨한 부모 행복한 아이

어느 정도 참을성이 필요하기는 하지만 결국 시간과 에너지를 아낄
수 있는 것이 이 3단계 방법이다.

다른 아이들과 나누게 하는 감정 읽기 3단계

· **1단계 이해하기** ─ 아이는 특정 사람이나 물건을 독점하고 싶어 한다.

· **2단계 아이의 마음을 말로 표현해주기** ─ 아이의 입장에서 소유하고 싶어 하
  는 이유를 공감해주고 말로 표현해준다.

· **3단계 행동으로 실천하기** ─ 다른 아이들과 나눠야 하는 이유를 설명하고 아이
  에게 선택의 권한을 준다. 더불어 아이 스스로가 해결 방법을 찾을 수 있도록
  돕자.

● 동생에게 양보하지 않고
보채는 아이

어느 날 저녁이었다. 퇴근하고 돌아와 소파에 앉은 후 레옹과 놀아줬
다. 레옹을 무릎 위에 올려놓고 말 타기 놀이를 해줬다. 바로 그때 조이가
이렇게 말했다.

"엄마, 나도 말 타기 놀이 하고 싶어."

"조이, 잠깐만. 레옹부터 해주고."

"싫어, 나도 지금 하고 싶단 말이야."

"기다려, 조이. 동생 먼저 하고."

나는 계속 레옹과 놀아주며 장난감을 쥐어줬다. 그러자 조이가 레옹의 손에서 플라스틱 장난감을 빼앗더니 장난감을 깨물기 시작했다. 나는 당연히 그런 조이를 나무랐다.

"하지 마! 장난감까지 망가뜨리면 어쩌려고 그래!"

그다음은 상상한 대로다. 조이는 울먹이며 토라지고 말았다. 형제자매 사이에 흔하게 볼 수 있는 상황이다. 어떤 방법으로 아이에게 다가가야 할까?

1단계 이해하기

조이가 왜 못되게 굴었는지 짐작하기란 어렵지 않다. 남동생을 괴롭히고 싶어서, 혹은 날 열 받게 하려고 장난감을 깨문 것은 아니다. 엄마가 관심을 보여주었으면 하는 마음에, 남동생만 챙기는 것 같아 슬퍼서 그런 것이다. 조이는 내게 관심받고 싶어 그렇게 행동했던 것이다. 내가 어떻게 해야 했을까?

처음부터 눈치챘어야 했다. 포옹해주거나 눈길이나 관심을 주거나 이야기를 시키거나 레옹과 같이 놀자고 이끌어주기만 했어도 조이가 소외감을 느끼지는 않았을 것이다.

2단계 아이의 마음을 말로 표현해주기

아직 늦지 않았다. 이를 교훈 삼아 다음에 같은 실수를 하지 않으면 된다. 조이가 레옹의 장난감을 빼앗았을 때 나무라지 말고 이렇게 말하면 좋았을 것이다.

"엄마가 동생만 챙기는 것처럼 보였구나. 너한테 더 관심을 보여주었으면 하는 거지?"

조이가 자신의 감정을 이해하도록 도와주고 어떤 기분인지 이해된다고 공감해주어야 했다. 그랬다면 긴장된 분위기가 점차 누그러지고 조이도 내 말을 들었을 것이다.

3단계 행동으로 실천하기

행동을 나무라기보다 바라는 행동에 초점을 맞추는 게 좋다. "장난감 빼앗지 마."라고 말해봐야 조이가 다음에 어떻게 해야 할지 판단할 때 도움이 안 된다. 오히려 조이의 화만 돋운다.

"조이, 동생의 장난감을 빼앗아 망가뜨리지 말고 '엄마, 나하고도 놀아줘요. 레옹하고만 노는 것 같아요.' 이렇게 말하면 좋지 않을까?"

아이들에게 자기감정을 표현하도록 가르쳐야 앞으로도 충동적으로 행동하지 않는다. 시간을 갖고 이야기했으면 조이는 내가 자신과 레옹 모두 똑같이 사랑한다고 느꼈을 것이다.

만일 내가 조이에게 "조이, 너만 있는 거 아냐. 엄마는 레옹도 돌봐야 해."라고 말했다고 해보자.

이런 말을 들으면 조이는 자신이 받을 수 있는 관심과 애정은 조금뿐이라고 생각할 수 있다. 결국 애정 결핍을 느끼며 장기적으로 행동이 엇나갈 수 있다.

꼭 기억하자! 우리 역시 부모에게 타인의 감정을 이해하는 법을 제대로 배운 적이 없다. 그리 쉬운 일은 아니지만 아이들을 혼내지 말고 아이들의 입장이 되어 보는 법을 연습하자. 우리가 모범을 보이면 아이들도 조금씩 자기 자신과 타인을 이해하는 법을 배운다. 공감 능력을 배우는 것이다.

쏠쏠 육아 Tip

동생에게 양보하게 하는 감정 읽기 3단계

· **1단계 이해하기** ― 큰아이가 부모의 관심을 받고 싶어 한다.

· **2단계 아이의 마음을 말로 표현해주기** ― 아이의 입장에서 아이의 마음을 말로 표현해준다.

· **3단계 행동으로 실천하기** ― 단호하게 말을 하는 대신 아이 스스로 자기의 기분을 말로 표현하게 돕는다.

쿨한 부모 행복한 아이

아이가 신경질 내면
어떻게 해야 할까?

아이의 '감정 읽기 3단계' 방법은 막상 하려고 하면 쉽지 않다. 누군가를 공감해주는 일이 그만큼 어렵기 때문이다. 우리도 아이들처럼 감정에 쉽게 휩싸일 때가 있다. 이 때문에 아이가 느끼는 감정을 제대로 이해하지 못하고 몰아세우기도 한다.

아이들도 부모의 행동에 화가 나서 신경질 낼 때가 많다. 기억하자. 아이들 역시 한 사람으로서 자아를 형성하고 있다. 얼마든지 이성적 판단이 가능하다는 뜻이다. 굳이 부모들에게 죄책감을 심어주려 의도한 말은 아니지만, 우리가 무심코 아이에게 일방적인 감정만 몰아세우는 것이 아닌지 잘 살펴야 한다. 아이가 신경질을 낼 때 그 원인은 어디에 있고, 신경질적인 아이에게 어떤 말투와 행동을 해야 하는지 살펴보자.

🗨 하지 말라는 행동에
더 고집을 세우는 아이

"조이, 엄마가 말했잖니. 침대 밖에서는 고무젖꼭지 빼라고 했잖아."

나는 조이에게서 고무젖꼭지를 빼앗으며 말했다. 그러자 조이는 부글부글 끓기 시작했다. 예상했던 일 아닌가? 아이의 입장이 되어보면 이해가 간다. 만약 휴대폰으로 메일을 쓰고 있는데 누군가 휴대폰을 낚아채며 권위적인 말투로 "휴대폰 좀 적당히 해."라고 말한다고 생각해보자. 화가 나지 않겠는가? 다행히 우리는 어른이기에 두뇌가 충분히 발달해 자제력이 있다(항상 그렇지는 않지만!). 그러나 아이들은 아직 두뇌가 그 정도로 성숙하지 않다.

또 다른 상황을 살펴보자. 긴장된 분위기를 보여주는 전형적인 상황이다. 부모가 아이에게 편식하지 말라고 세 번 연속 잔소리한다. 부모는 네 번째로 잔소리하며 아이를 안아 올려 방으로 밀어 넣는다. 그러자 아이는 울음을 터트리며 신경질을 낸다.

이번에는 이런 상황을 가정해보자. 배우자가 저녁을 만들어주겠다고 약속한 저녁이다. 배우자는 애피타이저로 비트(빨간무)를 내놓는다. 이런, 비트는 질색이다. 음식에 손이 안 간다. 그다음 메인 요리는 콩밥이다. 쌀에서 콩을 골라내자 보다 못한 배우자가 갑자기 식탁에서 나를 일으키더니 방에 밀어 넣는다. 과장된 예시이기는 하나 이런 상황이면 공격당한 기분이 들지 않을까?

아이가 말을 듣지 않으면 우리도 모르게 신경질을 내거나 아이에게 공격적으로 대하게 된다. 그런데 아이의 태도가 마음에 안 든다고 우리도 '폭력적'으로 응대하면 아무 도움이 되지 않는다. 앞서 여러 가지 예시에서 살펴봤듯이 오히려 악순환만 되풀이된다.

단어 선택과 말투에 신경 써야 아이와 대립하지 않을 수 있다. 오해는 하지 말기 바란다. 아이가 거슬리는 행동을 해도 무조건 넘어가라는 소리가 아니니까. 아이를 존중하며 말하라는 것이다.

조이가 고무젖꼭지를 가지고 고집 부릴 때 내가 사용하는 방법이 있다. 방법은 바로 얼굴을 아주 가까이 마주하고 조이에게 어떻게 하고 싶은지 묻는 것이다.

"조이, 고무젖꼭지 좀 빼줄래? 거실에서는 고무젖꼭지 하면 안 돼."

조이는 들은 척도 하지 않았다.

"조이, 방에 가서 고무젖꼭지 놓고 올래? 아니면 여기서는 고무젖꼭지를 좀 빼줄 수 없을까?"

나는 단호하되 친절한 말투로 조이에게 방법을 선택하도록 이끌었다. 이때 선택지가 너무 많아도 좋지 않다. 아이가 한 가지 방법을 선택할 수밖에 없는 상황을 만들어보자.

● 소리를 질러 불만을 표현하는 아이

아이가 신경질 부리는 이유가 부모가 공격적으로 반응해서만은 아니다. 아이는 자신에게 중요한 것을 거부당하면 불만을 표시한다. 부모에게는 별것 아닌 것 같아도 아이에게는 중요한 영역일 수 있다. 아이 입장에서 보면 자신의 권리와 관계된 부분이다. 우리가 계속 단호하게 나가면 아이가 미친 듯이 화내는 이유이기도 하다. 어른 입장에서 단순히 아이의 고집이라고 치부할 문제가 아니다.

빵을 사거나 회전목마 입장권을 끊을 때 아이가 자신이 직접 가지고 가겠다고 하는가? 아이가 종업원 대신 메뉴판을 나눠주고 싶어 하는가? 아이가 자신의 종이에 누군가 그림을 그리거나 자신이 먹을 감자를 누군가 반으로 잘라주는 것을 싫어하는가? 아이가 미키마우스 그림이 있는 접시와 가운데 자리를 원하고 아끼는 인형 옆에서 식사하고 싶어 하는가? 아이가 데이지꽃을 떨어뜨릴 때 누군가 돌아서서 주워주기를 바라는가?

그렇다. 아이도 나눠주기, 보관하기, 들고 다니기처럼 무엇인가 맡아서 해보고 싶을 수 있다. 원하는 옷차림도 있을 것이다. 우리에게는 별것 아닌 것 같아도 아이들에게는 중요할 수 있다. 자, 우리가 아이에게 하지 말라고 하는 것이 과연 타당한지부터 질문해보자. 우리도 이유 없이 자유를 빼앗기면 화나지 않을까?

한 번은 조이가 이제까지 본 적이 없을 정도로 미친 듯이 떼쓴 적이 있었다. 어느 날이었다. 조이가 작은 사탕 봉지를 들고 학교에서 돌아왔다. 우리 집에서는 생일날 아니면 절대로 사탕을 주지 않는다(지나치게 엄격한 규칙일지도 모른다). 여기에는 예외란 없다(이 부분을 읽은 독자들한테서만큼은 아이를 너무 풀어 키우는 엄마라는 말을 듣지 않을 것 같다). 그런데 집에 돌

쿨한 부모 행복한 아이

아와 보니 조이가 학교에서 열린 같은 반 아이의 생일 파티에서 받은 사탕 봉지라며 내게 자랑을 했다. 베이비시터는 우리 부부의 부탁에 따라 조이에게 사탕을 먹지 말고 기다렸다가 엄마, 아빠가 돌아오면 먹어도 되는지 물어보자고 달랜 상태였다.

"엄마, 이것 봐라, 사탕 받았다. 사탕 먹어도 돼?"

"조이, 오늘 사탕 많이 먹었잖아. 몸에 안 좋아."

"그럼 하나만."

"안 돼, 이미 많이 먹었어."

"그럼, 내일 아침."

"조이, 안 돼. 아침에 사탕 먹는 거 아냐."

우리 둘은 이런 식으로 계속 다투었고, 점점 분위기가 심각해졌다. 마지막에 조이는 불같이 화내며 발악했다. 휴지통까지 바닥에 뒤엎을 기세였다. 나는 그 자리에 얼어붙은 듯 가만히 서 있었다.

아이가 이렇게 버릇없이 나오면 엄하게 벌주겠다고 반응하는 사람이 많을 것이다. 하지만 내 입장에서는 한 번쯤 생각해볼 문제였다. 아이가 심하게 신경질 내는 상태에서 화내거나, 벌주거나, 주의를 준다고 상황이 나아질까? 나도 분에 못 이기면 아무 말도 귀에 안 들어오고 이성을 잃는데 말이다. 과학적으로도 설명 가능한 현상이다. 스트레스 호르몬이 넘치면 두뇌에서 이성을 담당하는 부분이 완전히 마비된다고 한다. 따라서 화가 많이 난 아이에게는 버릇없다고 혼내거나 제대로 행동하라고 주의를 줘봐야 아무 소용없다.

조이가 마구 신경질을 내는 그 순간, 나는 오직 한 가지 목표만을 생각했다. 어떻게든 사태를 진정시키겠다는 목표. 나는 조이를 안아주려했으나 매몰차게 거절당했다. 그래도 다시 안아주려고 시도했다. 포옹을 받아들이면 아이들의 마음은 금세 누그러지니까.

그다음으로 내가 더 이상 여기에 서서 괜히 맞서거나 모진 소리를 할 마음은 없다는 것을 알리고 싶었다. 더불어 나 역시 조이의 투정을 받아줄 심적, 시간적 여유가 없다는 메시지도 함께 말이다. 그리고 조이에게 마음이 진정되어 내가 안아주었으면 하거나, 이야기책을 읽어주었으면 하고 바랄 때, 화해하고 싶을 때 날 부르라고 말하고 싶었다.

하지만 상황이 너무 심각해 조이를 그 상태로 혼자 놔둘 수 없었다. 머리끝까지 화난 조이가 물건을 부수거나 날뛰면서 다칠 수도 있기 때문이다. 그래서 나는 조이를 안고 방에 데려갔다.

"그러다가 우리 집 부서지겠다. 내가 이렇게 방에 데려온 것은 널 사랑하지 않아서가 아냐. 네가 아무 행동이나 막 할까 봐 그대로 놔둘 수 없어서 그래."

조이가 소리 지르고 싶을 때까지 지르도록 놔두었다. 몇 분 후 나는 조이의 방으로 다시 와서 "안아줄까?", "이야기책 읽어줄까?" 하고 물었다. 조이는 다시 거절했으나 결국 나를 불렀다. 우리는 포옹했고 얼마 지나지 않아 사태가 진정되었다. 그리고 조이는 잠자리에 들었다(이런 사건을 겪었으니 당연히 많이 피곤했겠지!). 모두가 견디기 힘들어하는 위기의 순간, 조이가 있던 곳은 자기 방이다. 아이를 벌주려고 방으로 쫓아보내는 것과 물건을 때려부수지 못하게 방에 데려가는 것은 엄연히 다르다.

첫 번째 경우에는 부모도 화내면서 아이에게 진정하라고 달래는 꼴이라(충분히 모순적인 상황이다) 부모 역시 할 말이 없다. 두 번째 경우에는 부모가 아이의 신경질을 그대로 받아주지 않고(아이에게 괜히 맞거나 모진 소리를 들을 필요는 없으니까) 아이가 진정하도록 돕는다고 할 수 있다. 사태가 진정되어야 아이가 보인 태도에 대해 이야기할 수 있다.

"사탕을 못 먹게 해서 화났구나. 부당하다고 생각한 거야, 그렇지? 화내니 좋았어? 화내기보다는 어떻게 했으면 좋았을까?"

하지만 나는 조이를 어떻게 달랠까보다 더 궁금한 것이 있었다. 도대체 조이는 왜 그렇게까지 비이성적으로 불같이 화를 내고 고집을 부리는 걸까? 나는 조이에게 권위적으로 말하지 않았는데 말이다. 마치 그간 내가 조이의 자유를 억압하고 지나치게 혹독하고 부당한 규칙을 강요한 것 같아 마음이 불편했다.

다른 친구들은 해변에 그대로 있는데 자기한테만 그만 놀고 돌아오라는 말을 들은 아이, 혹은 주변 아이들은 다 감자칩을 맛있게 먹는데 자기한테만 먹지 말라는 말을 들은 아이도 조이와 마찬가지로 부당하다 생각해 화낼 수 있다.

내가 생각을 바꿔 조이에게 사탕을 먹어도 좋다고 허락해줄 수도 있었다. 솔직히 그때는 나 역시 그런 생각까지 하지 못했다. 이후 이런 의문이 들었다. 우리는 언제 생각을 바꿀 수 있을까? 이는 타이밍(개인의 신념)의 문제 같다. 분위기가 이미 심각할 대로 심각해졌는데 갑자기 생각을 바꾸면 아이에게 '원하는 것을 얻으려면 무조건 신경질 내면 돼' 같은 잘못된 생각을 심어줄 수 있다.

물론 아이가 화는 안 내고 단순히 싫다고만 하거나, 아이에게는 중요한 문제라는 것이 이해될 때는 부모가 결정을 바꿀 수도 있다. 예를 들면, 아이가 다음과 같이 말할 때다.

"싫어, 내가 회전목마 입장권 갖고 있을 거야."

"바지 싫어. 치마 입을래."

"싫어, 욕조 물 빼지 마. 욕조에서 물놀이 하고 싶단 말이야."

여기에는 중요한 조건이 있다. 아이가 징징대지 않고 예의 바르게 말하고 부탁하도록 이끌어줘야 한다.

"네가 하고 싶은 대로 해도 되는데 이왕이면 '엄마, 치마 입고 싶어'라고 이야기하면 좋겠어."

부모가 먼저 아이의 감정도 읽어가며 아이의 눈높이를 맞춰야 한다.

쿨한 부모 행복한 아이

아이의 무리한 요구를
어떻게 거절해야 할까?

아이의 요구를 있는 그대로 들어줄 수 없을 때가 많다. 장난감을 사줄 수 없는 상황이거나, 아이가 먹고 싶다고 하지만 초콜릿 빵을 줄 수 없는 상황이 그렇다. 안 되는 상황임에도 불구하고 고집을 세우는 아이들 앞에서 우리는 어떻게 해야 할까? 무조건 안 된다고 하기도 힘든 상황이다. 그래도 나름 확실한 비법이 있다. 궁금한가?

그것은 바로 나만의 거절 기술이다. 나는 이 기술을 가리켜 '꿈꾸기 기술'이라고 이름 붙였다. 마케팅이나 자기계발 서적에서 나오는 전문 용어처럼 들리는가? 간단히 말하면 아이가 원하는 것을 이해하고 적극적으로 공감하는 기술이다. 이 기술에서 가장 필요한 것은 바로 부모의 상상력이다. 이를 통해 우리는 아이의 두뇌를 자극해 볼 수 있다!

🗨 아이가 원하는 것을 꿈처럼
상상하게 만들었을 때 나타나는 효과

나는 조이의 학교에서 자전거로 10분 거리에 있는 곳에서 일한다. 그 덕분에 점심은 조이와 함께 우리가 좋아하는 카페에서 먹곤 한다. 종업원들도 정말 친절하다. 식사가 끝나면 나와 조이에게 곰돌이 초콜릿을 각각 서비스로 주는 종업원도 있다. 한 번은 종업원이 우리에게 곰돌이 초콜릿을 하나만 서비스로 준 적이 있다. 그때 조이의 얼굴 표정을 봤어야 한다. 실망감 가득한 표정을 지은 조이는 곰돌이 초콜릿을 하나 더 받고 싶어 했다. 나는 조이에게 그건 안 된다고 설명했다.

"친절한 아저씨가 이미 곰돌이 초콜릿 하나를 주셨지. 그리고 이제는 아저씨가 초콜릿 상자를 집어 넣으셨잖아. 그런데 곰돌이 초콜릿 하나를 더 달라고 하면 안 되지. 원하면 엄마 것 좀 줄게."

예상한 대로 조이는 "싫어, 곰돌이 초콜릿 통째로 다 먹고 싶단 말이야."라고 대답했다. 여기서 내가 생각한 해결 방법은 아이 우선주의 방법, 엄격한 방법, 다정한 방법 이 세 가지였다.

① 아이 우선주의 방법

내가 먹을 곰돌이 초콜릿 부분까지 조이에게 준다. 이렇게 하면 조이에게 '네가 기쁜 것이 우선이야'라는 잘못된 생각을 심어줄 수 있다. 혹은 종업원에게 아쉬운 부탁을 하며 아이가 원하는 바를 이뤄준다(너무 창피해 차마 할 수는 없었지만!).

쿨한 부모 행복한 아이

② 엄격한 방법

단호하게 거절한다. 안 되는 것은 안 되는 것이라고 못박는 것이다. 조이와 티격태격할 수 있다. 그런데 엄격하게 한다고 조이가 다음에도 고집부리지 않는다는 보장은 없다. 오히려 역효과가 날 수도 있다.

③ 다정한 방법

조이의 입장에 공감한다. 세 살짜리 조이는 점심 먹는 순간부터 곰돌이 초콜릿 두 개를 가장 기다렸을 수도 있다. 집에는 사탕이 하나도 없기 때문에 조이에게는 곰돌이 초콜릿이야말로 행운의 존재다. 여기서 나는 소위 '꿈꾸기 기술'을 사용한다.

'꿈꾸기 기술'

"아저씨가 늘 곰돌이 초콜릿 두 개를 주었으니 곰돌이 초콜릿 하나 더 먹고 싶은 마음 이해해(공감해준다). 엄마도 곰돌이 초콜릿 너무 좋아하거든. 그런데 한 번 생각해볼까? 집에서 곰돌이 목욕탕을 초콜릿으로 칠하면 어떨까? 근사할 것 같지 않니(그러니까 말이 안 되는 상상, 즉 꿈이다)? 그 초콜릿은 한 번에 먹을 수 있을까? 너라면 매일 조금씩 먹을까, 아니면 한 번에 다 먹을까?"

나는 계속 엉뚱하지만 아이가 흥미를 끌 만한 이야기와 질문을 던짐으로써 조이가 다른 생각을 하게 만든다. 잔소리보다는 아이의 주의를 딴 곳으로 돌리는 편이 효과적이기 때문이다. 이것은 과학적으로도 인정

받은 효과다. 아이가 두뇌의 감정 부분보다 이성 부분을 작동시킬 수 있기 때문이다. 그 과정에서 아이는 감정을 다스릴 수 있다. 나는 조이를 품에 안았다. 그리고 계속 이야기하며 조이를 조용히 카페 출입문 쪽으로 데려갔다.

"안녕히 계세요, 감사합니다."

나는 가게 문턱을 나오는 순간 저절로 안도의 한숨이 나왔다. 완벽하진 않아도 내 나름대로 잠깐 기지를 발휘해 조이가 원하는 것을 상상하도록 도왔다. 동시에 조이도 원하는 것을 잠시나마 꿈꿀 수 있었다.

이후 나는 '꿈꾸기 기술'을 종종 사용한다. 만일 아이가 회전목마를 타겠다고 열 번 이상 조를 때는 "우리 집에 회전목마가 있으면 너무 좋겠

쿨한 부모 행복한 아이

다. 원하는 대로 마음껏 탈 수 있잖아. 회전목마가 집에 들어갈까? 어디에 놓을까?"라고 말해준다.

아이가 장난감 가게 쇼윈도 앞에서 조를 때 역시 "이 장난감이 정말 마음에 드는구나. 그래, 예쁘기는 하다. 저기 봐, 저 장난감도 멋져 보이네. 생일날 선물 목록으로 적어 놓자. 절대 잊지 마, 알겠지?"라고 말해준다. 모두 '꿈꾸기 기술'이다.

아이는 누군가 자신의 꿈을 진지하게 생각해주고, 그 꿈을 언젠가 이룰 수 있다고 용기를 줄 때 안심한다. 아이도 언제나 꿈을 꾼다. 아이가 무조건 이성적으로 행동하기를 바라기보다는 이 기회에 부모도 같이 꿈꿔보는 것은 어떨까?

🗨 한 발짝 단호하게 나가자

말투와 태도 이야기

베이비시터가 오고 일주일이 지난 어느 날이었다. 베이비시터는 우리 부부에게 조이 때문에 벌어진 당황스러운 일을 조심스레 털어놨다.

"조이가 말을 듣지 않을 때가 있어요. 그리고 하지 말라고 하면 신경질을 부리더라고요."

순간 남편과 나는 머리를 한 대 얻어맞은 기분이었다. 뭐라고? 긍정 교육을 주제로 블로그를 운영하고 책까지 펴낸 내가 딸아이를 까다로운 아이로 키웠다는 것인가? 베이비시터의 말을 듣고 내 신념이 심각하게 흔들렸다. 우리 부부가 자식에 대한 사랑에 눈이 멀어 조이가 까다로운 아이라는 것을 몰랐단 말인가? 우리 부부는 나쁜 순간은 잊고 좋은 순간만 골라 기억해온 것일까?

머릿속이 복잡했던 나는 나름대로 이유를 알아보기 위해 다음 날, 조이 담임 선생님과 이전 어린이집 선생님을 찾아갔다. 두 선생님 모두 조이가 매우 유쾌하고 사교적이며 특별히 말을 안 듣거나 하지는 않는다고 설명했다. 조이는 전혀 무례하지 않고 늘 규칙을 잘 지키는 아이라는 말을 선생님들에게 들었다. 그다음 주말, 집에서 조이의 행동을 유심히 살펴봤지만 특별히 이상한 점은 발견하지 못했다. 그렇다면 왜 조이가 베이비시터에게만 이상하게 굴었을까? 나는 조이와 서로 믿는 관계였기 때문에 솔직하게 이야기를 나눌 수 있었다. 그래서 단도직입적으로 조이에게 물어보았다.

"베이비시터 이모가 힘들어 보이는데 무슨 일 있었어?"

조이가 대답했다.

"같이 빵집 앞을 지나갔어. 내가 초콜릿 빵을 사달라고 했더니 이모가 사줬어. 그리고 간식으로 타르틴Tartine(프랑스 오픈 샌드위치)을 사달라고 했는데 안 된다고 했어. 그 말을 듣고 난 방으로 가버렸어. 그랬더니 이모가 와서 타르틴을 줬어. 오늘 저녁에는 이모가 내 토마토 위에 마요네즈를 뿌려줬어(평소에 집에서 마요네즈는 금지다). 내가 더 뿌려달라고 조르니까 더 뿌려줬어."

이제 모든 것이 확실히 이해되었다. 상황 파악이 된 것이다. 실제로 나도 같은 경험을 한 적이 있었다. 내가 단호하게 거절하지 못하고 주저하거나 못 이기는 척하고 들어줄 때도 조이가 비슷하게 행동한 적이 있다. 최근에 남편이 중요한 자격증 시험을 앞두고 있어 나 혼자 아이들을 돌봐야 할 때가 많다. 혼자서 아이들을 상대하다 보면 단호하게 안 되는 것은 안 된다고 말하기 힘들었다.

베이비시터와의 일이 있은 지 몇 달 후 자유로운 독신 친구들이 나와 아이들을 초대했다. 덕분에 주말 내내 친구들과 함께 보낼 수 있었다. 나는 여럿이 있는 자리에서 아이에게 화내는 엄마도 되고 싶지 않았고, 아이들 때문에 모두에게 민폐를 끼치는 엄마도 되고 싶지 않았기에 참고 또 참은 순간이 한두 번이 아니었다.

당시 나는 아이들에게 먼저 점심을 먹였다. 식탁 위에는 케첩이 놓여 있었다. 당연히 조이는 퓨레에 케첩을 뿌려달라고 했다. 평소 우리 집에서는 파스타를 먹을 때만 케첩을 뿌린다. 그런데 여기까지 와서 조이와 말씨름하고 싶지 않았던 나는 잠시 주저했다. 하지만 결국에는 안 된다고 말했다. 그러자 조이는 자기 마음대로 되지 않아 속이 상했는지 내게 화를 냈다. 왜 그랬을까?

조이는 나의 목소리와 태도에서 주저하는 느낌을 받은 것이다. 그도 그런 것이 나 역시 친구들과 즐거운 시간을 보낼 때면 평소에 꼭 지키던 규칙을 엄격하게 고집하기 만만찮다. 조이는 이럴 때 잘하면 원하는 것을 얻으리라 기대했는데 내가 단호하게 안 된다고 하자 놀랐던 것이다.

이를테면 이런 것이다. 마트가 저녁 9시에 문을 닫는데 마트에 도착한 시간이 8시 50분이다. 경비원이 주저하는 목소리로 이야기한다.

"저녁 8시 45분부터는 입장 불가입니다."

우리는 이런 상황에서 사정을 하게 된다.

"기저귀만 사가지고 나올게요. 1분이면 돼요."

경비원은 손목시계를 보고 잠시 생각하는가 싶더니 결국 단호하게 다시 한 번 말한다.

"안 됩니다."

잘하면 들어갈 수도 있겠다고 한껏 기대를 한 와중에 거절을 당하면 당황스럽고 화나지 않을까? 경비원이 처음부터 단호하게 "죄송합니다, 저녁 8시 45분부터는 더 이상 입장이 안 됩니다. 규칙이 그렇습니다."라고 말하며 운영 시간이 적힌 안내판을 보여주었다면, 실망스럽고 짜증 났을 망정 경비원에게 화나지는 않았을 것이다. 짜증나는 포인트가 무엇인지 짚어보고 애먼 사람을 미워하지 않았을 텐데 말이다.

부모도 아이들에게 상황에 따라 '된다', '안 된다' 하지 말고 안 되는 것은 일관성 있게 안 된다고 해야 한다. 그래야 아이들도 받아들인다. 아이들에게도 눈치는 있다.

아닌 것은 아니라고 말한다

케첩 이야기로 돌아가보자. 나는 평소와 똑같이 행동했어야 했다.

"케첩은 안 돼, 파스타 먹을 때 넣는 거야."

이렇듯 확신을 갖고 단호하게 말하며 케첩을 제자리에 두면서 화제를 다른 곳으로 돌린다.

"디저트는 뭐 먹을까?"

안 되는 것은 안 된다고 확실하게 보여주는 것이다. 그래야 조이도 더이상 기대를 하지 않아 거절을 당해도 화가 덜 난다.

베이비시터와의 에피소드 역시 마찬가지다. 베이비시터는 조이가 떼쓸까 두려워 주저하는 말투로 안 된다고 했을 것이다. 베이비시터의 눈치를 살핀 조이는 원하는 것을 얻을 수 있으리라 눈치챘을지도 모른다. 빵집 앞을 지날 때 조이가 베이비시터에게 초콜릿 빵을 사달라고 하자 베이비시터가 사준 적이 있기 때문이다. 조이는 이때의 일을 기억한 것이다. 그런 맥락에서 조이가 이렇게 묻는 것을 이해할 수는 있다.

"지난번에는 베이비시터 이모가 빵을 사줬는데 왜 이번에는 안 사줘? 불공평해. 하나 사주면 안 돼?"

늘 그랬던 것처럼 베이비시터에게 이번에도 조르면 될 줄 알았던 조이는 당황할 수밖에 없었다.

평소 조이는 우리와 같이 빵집 앞을 지나갈 경우 이렇게 화낸 적이 없었다. 우리는 절대로 초콜릿 빵을 사준 적도 없고 초콜릿 빵에 대해서는 일체 양보하지 않았기 때문이다. 조이도 더 이상 졸라봐야 소용없다고 느꼈던 것이다. 이런 아이에게는 다음과 같이 말해보자.

"그런데 초콜릿 빵은 조그만 아기들에게나 사주는 것 아니었나?"

혹은 '꿈꾸기 기술'을 사용한다.

"초콜릿 빵을 마음껏 먹을 수 있다고 상상해봐. 아침부터 저녁까지 초콜릿 빵만 먹는 거지."

단호하라는 것이 권위적으로 행동하라는 뜻은 아니다. 단호하게 나가되 유머를 섞어 아이를 달래야 한다.

여지를 주지 않고 거절하는 방법

• 항상 지키는 규칙을 정한다.

• 주저하는 태도로 거절하지 않는다.

• 확실하게 거절하되 권위적인 태도를 보이지 않는다.

비판은
필요악일까?

"또 학교에서 아이들을 때렸네."

"입 다물고 먹으라고 몇 번을 이야기해야 알아듣겠니?"

"어쩜 이렇게 또 촐랑대니?"

"넌 믿지 못하겠다. 도통 약속을 지키지 않으니."

"저녁마다 방 좀 치우면 큰일 나니?"

망신주고 비판한다고 아이가 나아질까?

이 질문에 대답하려면 공감이라는 정서를 떠올릴 필요가 있다. 상사에게 이런 문자를

받았다고 생각해보라.

"또 실수했더군요. 실수가 너무 많아 이대로는 곤란합니다."

혹은 이런 메일을 받았다고 해보자.

"좀 꼼꼼하게 하면 안 됩니까? 도대체 몇 번을 이야기해야 합니까?"

어떤 기분이 드는가? 창피하고 자존심 상하고 기운이 빠지지 않는가? 이런 비판을 일

상에서 반복적으로 들으면 누구나 자신감이 사라지면서 자신이 무능하고 이 일에 맞

지 않는다는 생각을 하게 될 것이다. 실수할까 봐 두려워하면 오히려 더 많이 실수한

다. 발전할 기회는 생기지 않는다.

아이도 마찬가지다. 아이는 비판을 들으면 더 잘해야겠다고 결심하기보다는 의욕과 자신감이 사라지며 행동이 엇나간다. 비난처럼 상처가 되는 말을 들은 아이는 더 이상 우리를 믿지 않아 속마음을 이야기하지 않는다. 우리는 우리대로 그런 아이를 오해한다. 그야말로 악순환이다. 될 수 있으면 비판이나 비난은 하지 않는 것이 좋지만 그렇다고 무조건 아이를 풀어주라는 뜻이 아니다. 같은 말을 해도 부드러운 말로 돌려서 해보자.

1 | 심각한 말투로 지적하지 않는다.

"또 책가방을 바닥에 놔두었네."보다 "책가방 '룰루'를 제자리에 데려다줘야지."라고 말하자. 비난 투가 아니라 차분하게 말해야 한다.

2 | 같은 말도 다르게 한다.

아이에게 이런 것 하나 제대로 못하냐고 혼내지 말자. 대신 아이에게 지금의 결과가 당혹스럽다는 뜻을 전한다. '아직도', '너무', '언제나'처럼 가치 판단이 들어가 상처 주는 말을 피하고 지금의 상황 혹은 지금의 상황에 대한 우리의 기분을 설명한다.

업무에서는 이렇게 말해본다. "고객이 실수를 문제 삼아 당신의 제안을 거절하면 어떻게 대처할 건가요?"

아이에게는 "너 피곤하게 굴지 말고 그만두지 못해?" 대신 "부탁이야, 방에 가서 놀면 안 될까?"라고 말한다.

"아직도 온통 난장판이네." 대신 "집 안이 이렇게 어질러져 있으면 싫은데."라고 한다.

"신발을 뒤집어 놓았네."보다는 "신발이 뒤집어져 있네."라고 말한다.

"또 책가방을 바닥에 놓았네."보다는 "바닥에 책가방이 있는 것 같은데."라고 말하자.

3 | 아이에게 무엇을 금지하기보다 대처 방법을 제시한다.

아이를 달랠 때 "그만 좀 화내."보다 "화나면 잠시 쉬어 봐. 좋아하는 곳에 가서 잠시 숨을 고르면 어때?"라고 말한다.

4 | 유머를 사용한다.

유머를 사용하되 빈정대지 않는다.

업무에서는 이렇게 말한다. "어… 실수는 서른 개밖에 안 했습니다. 이것만 빼면 나머지는 아주 좋습니다."

아이에게는 이렇게 말한다. "아! 여름인 줄 알았어? 그래서 외투를 안 입었구나!"

5 | 때로는 아무 말도 하지 않는다.

같은 말을 더 이상 반복하고 싶지 않거나 아이와 직접 관계된 문제라면 차라리 아무 꾸지람을 하지 않는다. 간식을 깜빡한 아이가 오후 4시가 되어 이를 기억하면 다음에는 절대로 잊지 않을 것이다.

6 | 같은 말도 긍정적으로 한다.

긍정적인 말로 시작하면 상대방이 그다음 말을 잘 듣는다고 한다. 이미 증명된 사실이다.

업무에서는 이렇게 말한다. "자료는 깔끔하고 고객의 요청 사항을 잘 반영했군요. 다만 실수가 있어서 아쉽습니다. 실수가 있으면 프레젠테이션의 질이 떨어질 수 있거든요."

아이에게는 "여기저기 난장판을 만들었네." 대신 "정말 잘 놀았나 보다. 이번에도 지난번처럼 정리 잘할 거지?"라고 말한다.

"봐, 여기저기 낙서했잖아." 대신 "날 위해 그림을 그려준 건 고마워. 기쁘다. 그런데 여기저기 그림이 있어서 정신없네."라고 한다. 반드시 긍정적인 말로 마무리해야 한다. "하지만 네가 깨끗하게 지워주겠지? 잘 하니까!" 처럼!

7 | 행동이나 해결 방법에 집중한다.

업무에서는 이렇게 말한다. "자료에서 실수가 줄었으면 하는데 어떻게 하는 것이 좋을까요?" 이때 비난하듯 반말하지 않는다.

아이에게는 이렇게 말한다. "입 벌리지 않고 음식을 먹었으면 좋겠는데 어떻게 하면 좋을까? 식사할 때 기억 잘 나게 안내판을 놓을까? 아니면 앞에 거울을 놓아줄까?"

함께 해결 방법을 찾으면 아이는 새겨듣고 다음에는 더 잘해야겠다고 생각한다. 객관적으로 상황을 보면 분명히 이해되는 부분이 있다. 비판은 누군가의 행동을 나은 방향으로 고치는 데 전혀 도움이 안 된다는 사실을 기억하자. 우리가 아이를 비판하면 아이도 똑같이 배워서 어른이 되기 전이나 어른이 된 후에도 남을 비판한다.

아이들에게 실수를 비판하고 바로잡는 잔소리꾼의 말투가 아니라 더 나은 방향으로 도움을 주려고 하는 조력자의 친절한 말투를 가르치자. 그리고 아이 스스로 해결 방법을 찾으며 용기 얻는 법을 가르쳐주자.

아이의 심기가 불편할 때
어떻게 대처해야 할까?

간혹 아이가 이성을 잃은 듯 화내고 짜증을 심하게 내서 달래기 힘들 때가 있다. 우리 가족에게도 그런 일이 일어날 때가 있다.

아침 10시 30분. 우리는 차를 타고 공원으로 향했다. 조이가 가운데 앉겠다며 갑자기 심하게 떼를 썼다. 5분 뒤, 결국 나는 집으로 유턴해 조이의 고무젖꼭지를 가져오게 되었다. 그러자 고무젖꼭지를 입에 문 조이는 30초 만에 잠들었다. 조이는 그저 피곤하고 지루했던 것이다. 이 상황에서 조이와 다투거나 주의를 줘봐야 아무 소용 없었을 것이다.

오후 1시. 우리는 장을 보고 돌아왔다. 레옹이 아무것도 먹지 않으려 하고 별것도 아닌 일에 짜증내며 칭얼거렸다. 내게는 두 가지 선택 사항이 있었다. 하나는 레옹에게 조용히 하라고 주의 주며 얼른 마저 먹으라고 다그치는 것이고, 나머지 하나는 레옹을 이해하기 위해 노력하고 피곤해서 그러는 거라고 받아들이는 것이다. 이 상황에서는 레옹과 입씨름해봐야 아무 소용없으니 레옹을 잠시 재우는 편이 낫다.

이 밖에도 아이가 별 이유 없이 부모를 힘들게 할 때가 있다. 아무리 생각해봐도 도대체 아이가 왜 그러는지 알 수 없다. 충동적이라서? 예민해서? 질투 때문에? 화나서? 예의가 없어서? 이렇게 아이가 까다롭게 나올 때면 어떻게 해야 할지 모르겠다. 아이를 잘못 키웠다는 생각이 들 정도다. 하지만 그것은 잘못된 생각이다. 아이도 사람이기 때문에 무엇인가 불편할 때 이상한 행동을 한다. 왜 그런지 알아보자.

블로그를 구독하는 여성 독자 한 분이 이 문제로 내게 메일을 보냈다. 조카의 거짓말을 고칠 수 있게 도와달라는 내용이었다. 열세 살과 여섯 살짜리 두 딸을 둔 이 여성은 오랫동안 병을 앓다 세상을 떠난 여동생의 아들을 맡아 키우게 되었다. 아이의 아버지는 툭하면 자연 속으로 가겠다며 집을 나가고 매번 자신의 상황에 대해 거짓말하는 불안한 성향이라 양육권을 박탈당했다. 이 여성의 여동생은 살아생전에도 무심한 성격이었는데 몸이 아프다 보니 아들을 더욱 방치했다. 조카는 가정교육을 제대로 받지 못한 데다 거짓말을 일삼는 아버지를 보며 자랐다. 현재 이모의 집에서 살게 된 이 아이는 자주 말썽을 부리고 걸핏하면 거짓말을 한다고 전했다. 내게 메일을 보낸 그녀는 조카의 문제가 반복되는 거짓말이라고 했다.

그러나 그녀의 사연을 살펴본 사람이라면 누구나 아이가 매우 어려운 시기를 겪고 있다는 걸 알 수 있다. 어머니는 세상을 떠났고 아버지는 곁에 없고 갑자기 새로운 가정에서 살게 되었으니 아이는 혼란스러울 수밖에 없는 환경이다. 아이는 양어머니인 이모에게 '저 슬프고 외로워요. 관심과 사랑이 필요해요.'라는 속마음을 숨긴 채 어긋난 행동을 하고 거짓말한다. 그렇게라도 아이는 관심받고 싶었던 것이다. 이 경우 근본적인 원인을 이해하지 않은 채 아이의 거짓말에만 초점을 맞춰 대응해봐야 아무 소용이 없다.

나는 그녀에게 아이를 대하는 태도를 바꿔보면 어떻겠냐고 제안했다. 조카에게 공감하고 애정 어린 태도로 대하면 좋을 것 같다고 조언했다. 조카가 신경질 부리고 거짓말하는 이유는 관심받고 싶어서이므로 관심을 보여주는 것이 좋겠다고 말이다. 이런 방법으로 상황이 나아지면 조카도 자연스럽게 행동을 고치고 더 이상 관심받으려 애쓰지 않을 것이다. 그래도 조카가 계속 거짓말하면 유머로 응수해보는 것은 어떨까?

살다 보면 아이들의 문제가 도통 무엇인지 모르겠는 때가 있다. 이럴 때는 한발 물러서서 상황을 객관적으로 보고 아이가 무엇 때문에 화내거나 거짓말하거나 거슬리게 행동하는지 생각해봐야 한다.

내게 조언을 구한 또 다른 여성 구독자가 있었는데, 이 여성 구독자의 고민은 우리 집을 포함해 많은 가정에서 흔히 겪는 고초였다. 여덟 살짜리 아들과 네 살짜리 쌍둥이를 둔 이 여성은 쌍둥이 딸 한 명 때문에 힘들어했다. 아이가 화도 잘 내고 쌍둥이 자매를 질투해 자주 때리고 꼬집고 물어뜯는다고 했다. 또한 별것 아닌 일에도 버럭 화내며 물건에게 화풀이하듯 벽에 던진다고 했다.

이 여성은 아이를 혼내기도 하고, 윽박지르기도 하고, 따로 혼자 있게

도 해보고, 그냥 무시하기도 하고, 안아주기도 하고, 구석에 벌을 세우기도 하는 등 안 해본 것이 없다고 말했다. 보내온 글에서도 많이 지쳤다는 걸 느낄 수 있었다. 가족과 보내는 시간을 망치기 싫어 안 해본 노력이 없는데 이제는 더 이상 어떻게 해야 할지 몰라 피곤하다고 토로했다. 이 여성은 말썽쟁이 딸을 대충 달래면서 다른 아이들도 신경 써서 돌보고 싶어 했는데, 문제의 딸아이는 계속 자신에게 관심을 가져달라고 떼쓰는 것이다.

어른인 우리도 갑자기 모든 것이 피곤하고 짜증 날 때가 있다. 왜 기분이 나쁜지 이유도 분명히 모른다. 그런데 배우자가 이런 우리의 태도를 비난하면 상황이 나아지기는커녕 오히려 악화된다. 우리는 우리대로 짜증이 더욱 밀려온다. 이 순간 우리에게 도움 되는 것은 이야기할 수 있는

　　　　　　　　　　　　　　　　쿨한 부모 행복한 아이

사람이다. 그래야 우리가 왜 불편한지 근본적인 이유를 찾을 수 있다. 문제의 원인을 찾으면 마음이 한결 가벼워진다.

짜증을 내는 아이 역시 이 순간이 즐겁고 행복하고 신날까? 아니다. 아이의 표정만 자세히 봐도 즐겁지 않다는 것을 알 수 있다. 아이는 어떤 이유가 있기 때문에 짜증이 나고 이를 해결하기 위해 폭력적으로 표현하는 것뿐이다. 그렇다면 아이를 무조건 비난해서는 안 된다. 마음이 불편한 아이와 씨름해봐야 소용없다. 문제의 원인이 무엇인지 근본적으로 이해해야 바로잡을 수 있다. 아이가 부모에게 바라는 것은 공감과 친절한 경청 그리고 자신의 이야기를 들어줄 시간이다. 비판하고 벌줘봐야 아이는 외롭기만 하고 부모의 마음만 불편하다.

💬 아이가 왜 불편해하는지 이유를 찾아보자

아이들이 스트레스를 받는 이유가 무엇인지 알아보고 싶다면 도움이 되는 내용이 있어 소개한다. 토마스 홈즈Thomas Holmes와 리처드 라헤Richard Rahe의 사회재적응평가척도Social Readjustment Rating Scale에서 영감을 얻어 아이들이 어떤 상황에서 가장 스트레스를 받는지 정리했다.

① 가까운 사람의 죽음
② 가까운 사람의 병환(부모 중 한 명, 형제 혹은 자매의 입원)

③ 새로운 가족이 생기는 것

④ 부모의 이혼

⑤ 부모의 부부싸움

⑥ 익숙해지면 달라지는 변화(부모 중 한 명이 자주 곁에 없는 상황, 돌봐주는 사

　　람이 바뀌는 상황…)

⑦ 전학, 이사, 새로운 학교생활 시작

　위에 소개된 내용이 아이들이 겪는 모든 스트레스의 근본적 원인이라고 단정 지을 수는 없지만 어느 정도 이해되는 부분이 있다(참고로 아이들이 가장 스트레스 받는 이유 중 하나가 바로 형제자매와의 비교다). 하나씩 확인하다 보면 아이가 학교생활을 잘하는지, 선생님과 반 아이들과 잘 지내는지, 주변 누군가의 행동 때문에 상처받고 있지 않은지 등에 관심이 생긴다.

　우리가 일상에서 잔소리하고 비난하고 윽박지르면 아이는 부모에게 사랑받고 있지 못하다는 생각을 하고 외로움을 느낀다. 뿐만 아니라 의기소침해지면서 자신감이 없어져 자신을 부정적으로 바라보게 된다.

　"너 계속 그러면 놔두고 우리끼리 간다"처럼 우리가 일상에서 아무렇지도 않게 하는 말 때문에 아이가 심하게 불안해할 수 있다. **아이에게 부모는 자신이 가진 모든 것이자 삶의 기준이며, 놀이, 맛있는 식사, 편안한 안식처가 되는 집과 같은 존재다.** 부모의 윽박지르는 말을 아이가 진지하게 믿으면 불안해하지 않을까? 버림받을지도 모른다는 생각에 아이는 두려움을 느끼고 잘 때 악몽까지 꿀 수도 있다.

　　　　　　　　　　　　　　　　　　　쿨한 부모 행복한 아이

벌주겠다는 협박도 아이에게 매우 스트레스가 될 수 있으니 주의 깊게 행동해야 한다.

"당장 그만두지 않으면 친구 생일 파티에 못 갈 줄 알아."

만일 배우자가 휴가를 떠나기 며칠 전에 심각한 말투로 이렇게 말한다고 생각해보라.

"잔소리 한 번만 더 해봐, 당신 놔두고 나 혼자 휴가 떠날 테니까."

이런 말을 들으면 협박당한 기분이 들어 스트레스가 많이 쌓일 것이다. 하물며 제대로 모욕감을 안겨주는 체벌은 어떻겠는가?

이 밖에도 아이가 엇나간 행동을 하는 데에는 분명 이유가 있다. 끝없이 서둘러야 하는 정신없는 일상, 시간 여유란 전혀 없는 빡빡한 시간표가 대표적인 이유다. 학교, 잔소리하는 부모 등 아이는 주변의 압박 때문에 스트레스를 받는다. 우리는 아이의 미래를 생각해서 그런다고 하지만 정작 아이에게는 스트레스가 될 수 있음을 명심하자.

꼭 기억하자! 아이들은 우리가 맞서야 하는 악당이 아니라 우리가 이해해야 하는 사람이다. 아이는 마음이 불편할 때(혹은 부정적인 감정이 들어도 제대로 표현하지 못할 때) 어긋나게 행동한다. 아이의 행동이 마음에 안 든다고 어떻게 벌줄지 생각하지 말고 아이가 왜 그렇게 행동하는지 알아보고 이를 고쳐갈 수 있는 해결 방법을 찾아야 효과가 있다.

💬 아이의 기분이
나아지게 도와주자

아이에게 문제가 있다는 생각이 들 때 무슨 노력을 해야 아이가 나아질까? 아이가 힘든 상황을 겪는 중이라면 부모로서 무엇을 어떻게 해야 할까? 누구나 잘 알고 있으나 실천하기는 어려운 '아이와의 소통'이 필요하다. 무엇보다 아이와 대화로 풀어나감으로써 아이의 말을 귀담아 들어야 한다.

아이의 문제에 대해 말하자

아이의 문제에 대해 언급해야 한다. 1장에서 살펴본 여러 가지 이유가 섞여 아이들이 스트레스를 받는 것일 수도 있으니 '대화'가 반드시 필요하다. 아이를 대충 달래거나 문제를 별것 아닌 것으로 치부해버리면 안 된다. 문제에 대해 제대로 이야기하자.

"요즘 문제가 있는 것 같네. 내가 쌍둥이 동생만 돌보고 너한테 별로 신경을 안 쓰는 것 같아서 그래?"

"동생이 병원에 있어서 무섭니?"

"내가 동생보다 널 사랑하지 않는 것 같아서 그래?"

"요즘 내가 너무 일만 해서 힘드니?"

"베이비시터 이모가 더 이상 오지 않아 보고 싶어서 그래?"

"학교에 다시 가기 두렵니?"

"여름캠프 가는 것이 무섭니?"

"할아버지가 돌아가셔서 다시 볼 수 없어 슬픈 거니?"

죽음에 대해 아이들과 이야기할 때도 숨기거나 얼버무리지 말고 솔직히 표현해야 한다. 할아버지가 "저기 멀리 가셨다.", "이제는 만나기 힘든 곳으로 가셨어."라고 추상적으로 말하지 말고 할아버지가 "돌아가셨다."라고 말해줘야 한다.

말하고 싶지 않은 문제까지 포함해 모든 문제를 속 시원히 다뤄보자. 아이들은 많은 것을 느낄 줄 알고 말로 표현되지 않는 소통도 잘 알아차린다. 그야말로 스펀지 같다. 실제로 아이들은 분위기가 심상치 않은 것도 느끼고 이에 영향을 받아 무의식적으로 부정적인 반응을 보인다. 이렇게 되면 아이들은 무의식적으로 엇나간 행동을 한다. 그러니 애써 티내지 않거나 얼버무리지 말자.

"요즘 엄마, 아빠가 일 때문에 스트레스가 너무 많아. 절대로 너 때문이 아냐. 다만 일이 너무 많아서 요즘 조금 예민해져 있어서 그래."

더 이상 자세히 나열할 필요는 없다. 아이의 문제를 잘못 짚었으면 어쩌나 하고 두려워하지도 말자. 우리의 예상이 틀렸다 해도 아이가 우리에게 자신의 문제를 먼저 털어놓을 것이다.

문제가 있다면 그 문제에 대해 이야기하며 자세히 파고들자. 그렇게 이야기하다 보면 아이는 자신의 불만을 이야기하고 자신이 사랑받지 못하는 것 같다며 솔직한 속마음을 털어놓는다. 문제가 무엇인지만 알아도 아이의 행동은 달라질 수 있다. **감정을 받아들이는 일은 감정을 다스리기 위한 첫 관문이다.**

아이를 어설프게 달래거나 아이의 말에 반박하지 말자

"나보다 동생을 더 예뻐하는 것 같아."

"아무도 날 안 사랑해."

"엄마, 아빠 나빠."

"엄마는 일만 해."

"가지 않았으면 좋겠어."

"학교 가기 싫어."

"동생 싫어. 못됐어."

"베이비시터 이모가 나보고 못된 애래."

"선생님이 벌줬어."

아이가 알아서 우리에게 자신의 문제나 고민을 털어놓을 때까지 기다리자. 아이가 용기를 내어 고민을 털어놓았다는 사실에 기뻐해야 한다. 아이가 우리를 믿는다는 뜻이니까. 그러나 우리는 보통 별 것 아니라는 식으로 아이를 대충 달래려고만 한다.

"너하고 하루 종일 시간 보내잖아."

"조금만 기다리면 올게. 이틀 있으면 다시 볼 수 있어."

"아니, 학교는 좋은 곳이야. 선생님도 아주 친절하시고."

"그런 말 하지 마. 동생을 사랑해야지."

"당연히 널 사랑하지."

"베이비시터 이모가 잘못 말한 거야. 괜찮아."

"엄마가 일해야 재밌는 장난감 많이 사주지."

혹은 아이를 평가하듯 말하기도 한다.

"네가 또 어떻게 했길래 벌을 받아?"

이런 말을 들으면 아이는 더 이상 우리에게 고민을 털어놓지 않는다. 게다가 만일 우리가 문제의 원인을 아이 탓으로 돌리는 뉘앙스로 이야기를 풀어가면 문제가 더 심각해진다.

"너 또 어떻게 한 거야?"

"도대체 무슨 짓을 하고 다닌 거야?"

입장 바꿔 누군가에게 속마음을 이야기했는데 그 사람이 '네가 문제다'라고 지적하면 그 사람에게 계속 속마음을 털어놓을 수 있을까? 일이 마음에 안 드는데 누군가 "그 정도도 만족해야지. 아주 좋은 직업이잖아."라고 말한다면 어떤 기분일까? 이런 말을 듣는다고 마법에 걸린 듯 갑자기 고민을 객관적으로 보게 되지는 않을 것이다.

마찬가지로 너만 힘든 것이 아니라는 어설픈 위로의 말도 문제 해결에 아무 도움도 되지 않는다. 상대가 내 마음을 이해하지 못한다고 생각해 다시는 속마음을 털어놓지 않을 수도 있다.

감정을 억누르면 속으로 곪는다. 불교 철학에 따르면 인간은 감정을 통제할 수 없다고 말한다. 그저 감정을 받아들이고 억지로 누를 뿐이다.

감정을 표현하지 않고 속으로 삭이면 억눌린 감정을 자신도 모르게 이상한 행동으로 분출한다. 감정을 제대로 표현하지 못한 아이들은 어른이 되어 문제를 겪는다. 그 문제 해결을 위해서는 근본적인 원인이 되는 과거의 억눌린 감정과 마주해야 하는데, 이때 필요한 것이 장기간의 정신과 상담이다.

아이가 스스로 해결 방법을 찾을 수 있도록 구체적으로 질문하자

아이가 부정적인 감정을 내보이면 어떻게 대화를 나누고, 아이가 그 감정을 극복하도록 도움을 줄 수 있을까? 경청은 많은 코치와 심리학자들이 사용하는 방식이기도 하다. 다른 사람의 말을 있는 그대로 들어주고, 그 사람이 자신의 감정을 잘 인식하고, 그러한 감정이 생긴 원인을 이해하도록 질문을 던지는 방식이 경청이나. 경청은 그리 어려운 일이 아니다. 조금만 생각해보면 누구나 할 수 있다.

어느 날 조이가 어린이집에 가기 싫다고 말했다. 이때 나는 조이에게 무조건 달래지 않고 조이의 입장에서 공감해보기로 했다(적극적인 경청).

"아, 어린이집에 가기 싫어?"

"응, 어린이집에 가기 싫어."

조이가 좀 더 큰 아이였다면 정확히 어린이집이 왜 싫은지 설명했을 것이다. 그러나 어린아이들은 정확히 자신의 감정을 표현하기 서툴다. 부모는 구체적으로 질문해야 자세한 답을 얻을 수 있다.

"담임 선생님이 싫은 거야? 아니면 어린이집 활동이 싫은 거야?"

"낮잠 시간이 싫어."

막상 들어보면 우리의 예상과 달리 간단히 해결할 수 있는 것들이 많다. 그러니 아이를 마음대로 평가하지 말고 아이의 감정에 공감하며 되묻기만 하면 된다.

"어린이집에서 낮잠 자기 싫구나."

"응, 낮잠 자는 시간에 교실 지키는 선생님이 너무 시끄러워. 우리에게 '쉿' 하고 말할 때 소리가 너무 커."

"선생님이 너무 큰 소리로 '쉿' 하는 것이 싫구나. 선생님이 그렇게 하면 조이는 왜 싫지? 그 소리 때문에 잠을 못 자서? 아니면 무서워서? 아니면 억지로 잠자야 하는 것이 싫어서?"

나는 조이가 자신의 감정을 자세히 설명하도록 유도한다. 절대로 조이에게 "별것 아냐!"라고 말하지 않는다.

"응, 무서워…."

"어떻게 하면 좋을까? 귀를 막을까? 자리를 바꿔달라고 할까? 선생님에게 조이가 부탁해 볼래? 그냥 참을까?"

좀 더 큰 아이들은 스스로 해결 방법을 쉽게 찾는 편인 반면 어린아이들에게는 몇 가지 해결 방법을 후보로 제시해줘야 가장 좋은 방법을 선택할 수 있다.

그로부터 이틀 뒤 조이는 더 이상 어린이집에서 낮잠 자기 싫다는 말을 하지 않았다. 나는 조이에게 어떻게 괜찮아졌냐고 물었다. 조이는 감독 선생님에게 큰 목소리로 '쉿' 할 때 무섭다고 직접 이야기했더니 그 뒤로는 선생님이 조심했다고 한다. 성공!

꼭 알아야 할 내용이 있다. 조이는 낮잠을 감독하는 선생님에게 '쉿' 소리를 내지 말아달라고 부탁했다. 그렇다고 조이가 선생님에게 버릇없이 군 것은 아니다. 조이는 나와 이야기하면서 자신이 느끼는 감정이 무엇인지 알았고, 신생님에게 감정을 표현한 것뿐이다.

"저는 선생님이 '쉿' 하고 큰 소리로 말씀하실 때 무서워요. 그래서 잠이 잘 안 와요."

조이가 운동장에서 놀기 싫다고 했을 때도 나는 같은 방법을 사용했다. 내가 이야기를 들어주며 해결 방법을 몇 가지 제시하자 조이는 더 이상 운동장 이야기를 꺼내지 않았다. 물론 내가 제시한 해결 방법을 전혀 사용하지 않았을 수도 있다.

이 과정에서 변화는 바로 조이의 태도였다. 조이는 우리에게 고민을 털어놨고, 우리가 자신의 이야기를 진지하게 들어준다는 느낌을 받았던 것 같다. 조이 스스로도 말을 털어놓으며 운동장 자체가 싫은 것이 아니라 운동장에서 놀 때 자신을 아기 취급하는 나이 많은 학생들이 싫었다는 사실을 깨달았다. 그 덕분에 조이는 더 이상 운동장에서 노는 것이 두렵지 않았고, 자신을 놀리는 나이 많은 학생들을 피하거나 무시할 수 있었다.

조이는 내가 레옹을 더 챙긴다고 생각한 적이 있었다. 그때도 나는 같은 방법을 사용했다.

"엄마가 너보다는 레옹을 챙긴다고 생각하는구나?"

"응"

조이가 뾰로통하게 대답했다. 조이가 더 이상 이야기를 하지 않자 나는 조이의 생각을 미리 읽어 말해주었다.

"아까 엄마가 레옹을 재우는 동안 너는 계속 아래층에 있었지? 그래, 네 기분 이해해. 엄마에게 관심받지 못한다는 생각이 들었을 거야. 엄마가 레옹을 돌보는 동안 너 혼자 남겨져 있으면 기분이 좋지는 않겠지."

조이는 내가 공감해주자 자기 감정이 창피한 것이 아니라는 생각에 마음을 놓았다. 그런 조이에게 나는 계속 이렇게 말했다.

"엄마가 레옹을 더 챙기는 것 같다는 생각이 들 때가 또 있었니?"

"아니, 없었어."

조이는 고민을 자세히 털어놓으며 고민을 객관적으로 바라봤고 그때 그 순간에 어떤 감정이 들었던 것인지 이해했다.

"엄마가 레옹을 재울 때 어떻게 해야 조이가 서운하지 않을까?"

나는 조이와 함께 이야기하는 동안 조이에게 애정을 보여줄 수 있었다. 그것만으로도 충분히 효과적이다. 몇 분 후 모든 일이 잘 풀렸다.

쌍둥이 중 한 아이가 불평이 많다면 그 아이가 왜 그러는지 이야기를 들어줘야 한다. 그래야 아이가 어떤 기분인지 이해할 수 있고 해결 방법을 찾을 수 있다.

"우리 둘이 좀 더 시간을 보냈으면 좋겠니? 그러면 수요일 오후에 잠시 나갔다 올까?"

당연히 한 번에 마법처럼 문제가 해결되지는 않는다. 반복해서 말해야 아이가 스트레스와 두려움을 극복할 수 있다. 아이와 이야기하고 곁에 있어주자.

꼭 기억하자!

아이가 표현하는 감정이 도저히 이해되지 않을 때도 있기 때문에 경청이 항상 쉽지만은 않다. 예를 들면 "동생을 창문으로 던져버리고 싶어."처럼 아이가 극단적으로 말하거나, "어쨌든 나 안 사랑하잖아."라고 막무가내로 이야기할 때 그렇다. 그렇다고 훈계하거나 잔소리하면 아이는 마음의 문을 닫아버린다. 아이의 말을 듣고 아이가 스스로 생각할 수 있도록 이끌어줘야 한다. 아이가 감정을 학습하도록 돕는 것이 우리가 할 일이다.

쏠쏠 육아 Tip

경청하는 방법

- 마음을 터놓고 말한다.
- 반대하거나 어설프게 설득하려 하지 않는다. 공감하며 질문한다.
- 아이가 스스로 해결 방법을 찾을 수 있게 돕는다.

쿨한 부모 행복한 아이

명상이 불러일으키는 시너지 효과

명상을 하면 아이들이 감정을 다스리고 스트레스와 불안감을 내려놓으며 충동적으로 행동하지 않고 수명도 늘어난다고 한다. 그야말로 명상에는 마법 같은 효과가 있다는 것이다. 정말 그럴까?

최근 과학계에서는 명상의 효과를 다양하게 실험하고 있다. 실험에 따르면 다섯 살 때부터 명상을 정기적으로 하면 구체적인 효과가 있다고 한다. 최근 신경과학 연구에 따르면 명상도 마시는 차 못지않게 아이들에게 다음과 같은 힘을 길러준다.

- 스트레스를 줄이는 힘
- 스트레스를 다스리는 힘
- 공감하는 감정과 친절함을 갖게 하는 힘
- 세포의 노화를 막아 수명을 늘리는 힘
- 면역력을 높이는 힘

과학 실험에 따르면 명상은 효과가 매우 크다!

모두가 이야기하는 명상이란 어떤 것인가? 일반적으로 명상이라 하면 외부 요인(자동차 소리, 휴대폰 소리)이나 잡생각에 신경 쓰지 않고 호흡에 정신을 집중하는 것을 말한다. 나아가 우리의 정신이 혼란스럽다는 사실을 인정하고, 호흡에 집중해 미래에 대한 걱정과 과거에 대한 생각을 모두 떨쳐버리고 온전히 현재에 집중하는 것이 진정한 명상이다.

명상의 긍정적인 효과는 증명이 되었는가?

매일 명상하는 사람들과 그렇지 않은 사람들의 두뇌 반응 연구 실험이 많다. 명상할 때 두뇌에서 일어나는 과정과 결과를 살펴보자.

명상을 하면 머릿속의 감정을 더욱 또렷하게 의식할 수 있다. 그 과정에서 자기 절제가 되고 부정적인 생각을 줄일 수 있다. 마찬가지로 아이들은 분노의 감정이 사라진다(적어도 줄어든다). 또한 아이들은 스트레스와 우울한 기분을 극복한다.

명상을 하면 공감 능력, 애정 어린 마음과 연민이 커진다. 다른 사람들의 감정도 잘 이해한다. 명상과 긍정적인 감정은 염증과 세포 노화를 불러일으키는 스트레스 유전자를 줄여준다. 그 과정에서 면역력이 좋아져 감기에 걸려도 끄떡없다.

명상을 말단소립을 늘려준다. 말단소립은 모든 염색체 끝에 있는 DNA 부위로 세포를 보호한다. 말단소립은 나이가 들면 줄어들어 세포 보호 능력이 떨어진다. 하지만 명상을 하면 세포가 젊어져 수명이 길어진다. 집중적으로 명상한 사람들은 3개월 만에 세포가 젊어졌고, 그와 함께 자제력도 높아져 부정적인 감정도 줄어들었다.

강도 높은 집중이 필요한 명상(요가, 태극권 등)은 혈구의 유전자와 단백질에 영향을 주기 때문에 우리와 아이들의 유전병을 억제하는 데 효과적이다.

아이들이 명상을 즐길 때의 효과는 무엇일까? 명상을 위해 선생님을 따로 둘 필요는 없다. CD가 딸린 교재와 휴대폰 어플리케이션만 있으면 매일 집에서 10분 동안 명상

쿨한 부모 행복한 아이

을 할 수 있다. 일단 아이가 집에 돌아오면 마음을 편하게 해주는 간단한 명상부터 해보라고 하면 어떨까? 욕조에 몸을 담그거나 파스타를 삶을 때도 10분은 걸리지 않는가! 명상은 누구나 마음의 평정을 찾고 온전히 가족과 즐거운 저녁 시간을 이용할 수 있다는 점에서 훌륭한 방법이다. 시간이 없다고? 아이가 잠자리에 들 때 명상을 해보라고 하자. 그날 밤 아이는 푹 잘 수 있을 것이다.

참고 자료

- 〈*The Samatha Project*〉(사만다 프로젝트), 신경과학자 클로포드 사론 연구팀, 캘리포니아대학
- 〈*Mindfulness and relaxation treatment reduce depressive symptoms in individuals with psychosis*〉(명상과 이완 치료가 정신병 환자들의 우울증을 줄인다), 정신의학과 심리요법 부서, 함부르크-에펜도르프 대학 의학센터, 독일, Elservier Masson SAS2015

3장

가정의
질서를 위해
규칙을
정하자

어떤 규칙을
정할까?

아이에게 저녁마다 채소를 꼭 먹여야 할까?

기차 안에서 뛰어다니는 아이를 내버려둬도 될까?

아이와 부모가 한 침대에서 함께 자도 될까?

방학 때는 몇 시에 아이를 재워야 할까?

아이가 콜라를 마셔도 될까?

……

이 중 우리가 정답이라고 생각하는 규칙이 모두에게 통하는 것은 아니다. 예를 들어 미국의 부모들은 건강을 위해 아이들을 일찍 재워야 한다고 생각한다. 반면, 스페인이나 아르헨티나 부모들은 저녁 늦게까지 아이들과 시간을 보내도 된다고 생각한다. 이처럼 나라마다 다른 풍습과 습관을 가지고 있다. 물론 같은 문화권 안에서도 각각의 가정마다 아이를 키우는 다양한 규칙이 존재한다. 그렇다면 규칙을 어떻게 정해야 좋은 걸까?

💬 나라마다
다른 풍습과 습관

미국의 부모들은 아이들이 세 살이 되면 청량음료를 자주 마셔도 뭐라고 하지 않으며 아이들이 아주 어릴 때부터 저녁 메뉴를 고를 수 있게 해준다. 핀란드 부모들은 이가 나기 시작하는 아이에게는 고무젖꼭지를 물고 있지 못하게 하는 반면, 프랑스 부모들은 아이가 다섯 살 때까지 고무젖꼭지를 물고 있어도 뭐라고 하지 않을 때도 있다. 또 다른 면에서 프랑스 부모들은 아이가 부모와 함께 자는 것을 안 좋게 보지만, 이탈리아와 아시아 문화권의 부모들은 아이 혼자 방에 재우는 것은 불안해한다.

이처럼 생활과 위생 규칙은 확실하거나 절대적이지 않으며 문화와 습관에 따라 많이 다르다. 존중하는 규칙도 마찬가지다. '다른 사람에게 모래를 던져서는 안 된다'는 규칙이 세워져 모두 동의했다고 해보자. 모든 아이들이 반드시 이 규칙을 지키는 것은 아니다.

어느 날 오후 바닷가에서 있었던 일이다. 해변에서 레옹이 조이에게 모래를 던지는 모습을 본 내가 끼어들었다.

"레옹, 누나한테 모래 던지는 거 아냐."

그러자 조이가 이렇게 답했다.

"엄마, 걱정 마. 장난치는 거야. 괜찮아."

조이와 레옹은 보기에도 매우 즐겁게 모래 싸움을 계속했다.

또 한 번은 주말을 보낸 후 기차를 타고 돌아오는 길이었다. 대략 기차로 4시간가량 소요되는 일정이었다. 그날 나는 배려라는 개념도 꽤 주관적이라는 사실을 깨달았다. 기차 안에서 레옹은 올림픽 경기에 출전한 선수처럼 힘이 넘쳤다. 급기야 기차 안에서 요란하게 소리를 지르더니 풍차를 보자 흥분한 레옹은 큰 소리로 떠들기 시작했다. 나는 레옹에게 다른 사람들을 위해 조용하게 이야기하라고 속삭였다. 내 말을 알아차린 레옹은 아주 조용하게 '쉿' 하며 손가락을 입에 갖다 대는 시늉을 했다. 그러나 얼마 지나지 않아 다시 큰 소리로 떠들었다.

"죄송하지만 아드님 좀 조용히 시켜주시겠어요?"

보다 못한 어느 남자 승객이 불평을 터뜨리고 말았다.

반면 조이는 기차에서 만나 친해진 또래 여자아이와 얌전히 그림을 그리며 놀았다. 조이는 레옹 나이 때에도 이렇게 기차에서 민폐를 끼치지 않았다. 솔직히 나도 시끄러운 아이들을 단속하지 않는 부모들을 보고 화난 적이 있지만 막상 내 일이 되고 보니 아이를 통제하는 일은 그리 간단한 문제는 아니었다.

레옹은 성격상 떠드는 것을 좋아하나 아직 어려서인지 주변에 폐를 끼친다는 인식이 없다. 어떻게 하면 레옹을 조용하게 만들 수 있을까? 볼기짝을 때릴까? 그러면 레옹은 더 큰 소리로 울부짖을 게 뻔하다. 아무리 생각해도 방법이 떠오르지 않았다. 온갖 감정이 뒤섞인 나는 나도 모

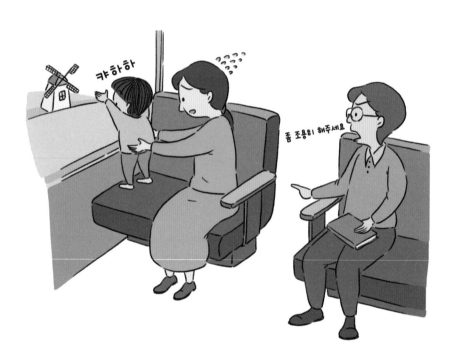

쿨한 부모 행복한 아이

르게 남자 승객에게 툭 말을 내뱉었다.

"제가 아이의 입을 틀어막는 것이 좋을까요?"

그 말을 듣자마자 남자 승객은 화난 얼굴로 내게 다시 쏘아붙였다.

"어떻게든 알아서 하세요. 당신이 엄마잖아요."

나는 뾰족한 대책이 생각나지 않았다. 더 이상 주변 사람들에게 폐를 끼치기도, 아무렇지 않은 척 앉아있기도 싫었기에 레옹을 데리고 식당칸으로 갔다. 목적지에 다다라 기차에서 내리려 하자, 어떤 여자 승객이 내게 말을 건넸다.

"기차 타면서 아이들을 쭉 지켜봤는데, 아이들이 너무 귀엽고 활달하네요. 이 말씀을 드리고 싶었어요. 정말 좋은 어머니이신 것 같아요."

내 귀를 믿을 수가 없었다.

"감사합니다. 그렇게 생각해주시는 분은 선생님밖에 안 계시는 것 같아요."

"아, 설마요…."

레옹으로 인해 정말로 기차 안에 모든 승객이 방해받은 것일까? 아니면 레옹과 나에게 눈치 주며 식당칸으로 쫓아버린 그 남자 승객이 배려심이 없었던 것일까? 나는 잘잘못을 따지기보다 내 행동의 문제가 없었는지, 진정 나와 아이 그리고 타인을 위한 것이 무엇인지 알고 싶었다.

집으로 돌아온 나는 이 주제로 스웨덴 출신의 한 엄마와 이야기를 나눴다. 그녀의 의견이 궁금했다. 스웨덴 부모들은 아이들에게 무엇인가 하지 말라고 거의 말하지 않는 것으로 유명하기 때문이다. 이에 나는 스웨덴 엄마였다면 기차에서 어떻게 대처했을지 궁금했다.

"아이들이야 하고 싶은 대로 하잖아요. 스웨덴에서는 아이들에게 조용히 하거나 뛰어다니지 말라고 주의를 주는 사람이 하나도 없어요."

"하지만 아이가 없는 사람들이나 무언가에 집중하고 있는 사람들은 거슬려하지 않을까요?"

"전혀요. 스웨덴 사람들은 아이들이니까 그럴 수 있다고 생각하고 그냥 그러려니 넘기는 것 같아요."

생각 외로 쿨한 대답이었다. 스웨덴 사람들의 이야기를 들으면서 두 가지 경험이 떠올랐다. 첫 번째 에피소드는 홍콩에 사는 친구가 프랑스에 놀러 왔던 때다. 파리로 놀러온 친구를 위해 우리는 함께 지하철을 타고 관광지로 이동하는 중이었다. 친구는 갑자기 휴대폰을 꺼내 자신의 딸에게 동영상을 보여줬다. 그리고 아무렇지 않게 동영상의 소리를 키웠다. 나는 깜짝 놀라 소리 좀 줄여달라고 부탁했다.

"공공장소에서 영상이나 음악을 듣지 말라니 정말 프랑스답다. 중국에서는 해변이나 대중교통 안에서 음악을 틀거나 영상을 볼 때 헤드폰을 끼지 않아."

"그래? 아무도 뭐라고 안 그래?"

"응, 다들 그렇게 하니까."

이처럼 남을 배려하는 규칙은 상황, 문화에 따라 다르고 사람들의 인식에 따라 다르다. 불현듯 머릿속으로 어느 승려의 말이 스쳐지나갔다.

"짜증은 전적으로 우리 책임입니다. 짜증이 난다고 다른 사람들에게 변화를 강요해서는 안 됩니다. 우리가 단념해야 할 때도 있지요."

지혜로운 사람이 되는 길은 여전히 멀고도 험난하다. 모든 상황에서

쿨한 부모 행복한 아이

는 어렵겠지만 나는 승려의 가르침을 받은 이후 이를 실천하려 노력하는 편이다.

어느 날 저녁이었다. 이웃집 사람들이 시끌벅적하게 파티 중이었다. 건물의 위치 때문인지는 몰라도 동네에서 우리 가족만 소음 피해를 보게 되었다. 잠이 들면 그 어떤 소리에도 흔들림이 없는 남편과 아이들 빼고 나 혼자만 잠을 이루지 못했다. 자정까지만 버티면 될 거란 예상과 달리 새벽 3시가 지나고도 파티는 멈추지 않았다. 내 기준으론 도무지 상상할 수 없는 일이라 경찰에 신고해 도움을 요청하고 싶었다. 화가 치밀어 올라 휴대폰을 집어든 순간까지 다다라서야 나는 잠시 아차 싶어 잠시 행동을 멈췄다. 내가 잠을 자고 싶은 마음이 친구들과 즐기고 싶은 이웃집 사람들의 마음보다 우선이어야 할까? 상대를 위한 배려와 헌신을 이야기하는 것이 아니다. 감정적으로만 행동하려는 내 스스로를 이성적이고 합리적으로 판단하고 싶었다. 결국 나는 아무 조치도 취하지 않고 고민에 고민을 거듭하다 잠이 들어버렸다.

모든 사람들을 강제로 조용하게 만들 수는 없지만, 아이들에게 다른 사람들을 존중하는 법은 가르쳐야 한다. 이미 살펴봤던 해변의 모래사장 이야기를 떠올려보자. 레옹에게 무조건 누나에게 모래를 던지지 말라고 하기보다 모래를 던질 때 누나가 재미있어 할지 아닐지 생각해보라고 가르쳐야 한다.

가족과 함께 살 때는 자기만 생각하지 말고 다른 가족도 생각해야 한다는 것을 아이도 배워야 한다. 집안 분위기가 좋으려면 가족 구성원 모두 마음이 편해야 하기에 가족 사이에서도 배려는 필수다.

우리 가족만의 규칙을 선택하자

절대로 넘어서는 안 될 선을 확실히 정해야 한다. 가족 구성원에게 좋을 것 같은 규칙을 각자 정하도록 유도하자. 가장 힘든 것은 원래의 규칙에서 벗어나 예외를 허용하는 일이다. 말하자면 '우리 집에서는 항상 그래'에서 벗어나는 상황이 그렇다.

잠깐 생각해보자. 우리가 습관적으로 혹은 무의식적으로 따르는 규칙들은 우리가 진심으로 찬성하는 규칙들인가? 우리 가족 구성원 모두에게 좋은 규칙이라면 믿고 따르자. 꼭 가족끼리 얼굴 맞대고 저녁을 먹어야 하는 사람도 있고, 편한 시간에 호젓하게 혼자 먹는 식사를 좋아하는 사람도 있다. 아이와 함께 자도 괜찮은 부모가 있는가 하면, 각자 자기 침대에서 자야 한다고 생각하는 부모도 있다. 이가 망가진다고 고무젖꼭지를 주지 않는 집이 있는가 하면, 빨고 싶어 하는 아이의 욕구를 만족시켜준다며 찬성하는 집도 있다. 그러니 책이나 블로그에서 본 남의 규칙에 얽매이지 말고 우리 집만의 규칙을 만들어보자. 나와 방식이 다른 사람은 언제, 어디에나 늘 있다. 하지만 아이들의 문제라면 부모이자 어른 입장에서 아이들이 최대로 행복해지도록 돕는 방식을 선택해야 한다.

이미 여러 차례 말했듯이, 부모가 먼저 아이를 존중해야 한다. 더불어 부모는 '자기 자신' 역시 존중해야 한다. 안타깝게도 아이가 태어나는 순간 대부분의 부모는 자기 자신을 잊어버리지만 말이다. 자기 자신도 존중

쿨한 부모 행복한 아이

하지 못하는데 어떻게 아이를 존중할 수 있겠는가. 부모도 자기 자신을 존중하는 법에 대해 고민해야 한다.

꼭 기억하자! 아이의 행복과 부모의 행복 사이에 균형을 찾아야 한다. 이를 위해서라도 아이가 어느 정도 자라면 가족 모두 편안할 수 있는 규칙을 정해 지킬 수 있도록 돕는 것이 좋다. 책이나 블로그에서 본 남의 규칙에 절대 얽매일 필요가 없다. 각 가정만의 규칙을 아이들과 함께 만들어보자.

아이들이 규칙을 지키게 하려면
어떻게 해야 할까?

규칙을 정했다고 해도 아이들에게 규칙을 지키도록 지도하는 일이 쉽지만은 않다.

친구 로라와 마티유네 아이들은 침대에서 나오는 순간 고무젖꼭지를 물고 있으면 안 된다는 규칙을 잘 지킨다. 그런데 왜 우리 집은 이 문제로 진땀을 뺄까? 산드라의 아들은 아침에 달콤한 비스킷만 먹겠다고 한다. 그런데 왜 우리 집은 모두 아침에 호밀빵을 먹을까? 조이의 친구는 매일 아침 6시에 일어난다. 그런데 왜 우리 아이들은 주말에 아침 9시까지 조용히 잘까? 중학교 1학년인 이웃집 아이는 채소를 전혀 먹지 않는다. 그런데 왜 우리 집은 이런 문제가 없을까?

레옹은 기차 안에서 미친 듯이 떠들지만, 같은 세 살인 어떤 아이는

쿨한 부모 행복한 아이

떠들지 않는다. 이를 보면 알 수 있듯 아이마다 규칙을 받아들이는 자세가 다르다. 그러니 맨 먼저 스스로에게 이런 질문을 던져보자. 우리 아이는 정해진 규칙을 따를 수 있을까? 또 우리 아이가 내 말을 잘 듣지 않는 이유는 내가 화내도 무섭지 않아서일까?

물론 이 질문들을 던지기에 앞서 반드시 알아야 할 것이 하나 있다. 화내기는 교육적으로 아무 효과도 없다는 사실이다. 오히려 아이들이 불안해할 뿐이다. 수줍음이 많아서 인사를 제대로 못하는 아이에게 사람들을 만날 때마다 깍듯이 인사하라고 강요해서는 안 된다. 그보다는 마음을 안정시킬 수 있는 시간을 잠시 주는 편이 좋다.

그런데 여전히 이해되지 않는 것이 있다. 주변 가족들은 문제없이 잘만 지키는 규칙이 왜 우리 집에서는 싸움거리가 될까? 왜 그럴까?

🗨 공평하지 않다고 말하는 아이

아이가 이렇게 나올 때 꼭 알아야 할 점이 있다. 아이도 매우 타당하다고 생각하는 규칙이나, 절대 예외가 적용되지 않는 규칙들 앞에서는 떼쓰지 않는다. 그러니 어떤 상황에서도, 즉 아이가 규칙을 지킬 마음이 없거나 아무리 미친 듯이 떼써도 우리가 생각을 바꾸지 않을 자신이 있어야 한다.

이를테면, 우리 집에서는 매끼마다 반드시 채소를 먹어야 한다. 우리는 아이가 좋아하는 채소가 반드시 있다고 믿는다. 가끔 아이들에게 완두콩을 먹이려고 꾀를 쓸 때도 있지만 아이가 싫어한다는 이유만으로 좋아하는 것만 먹게 내버려두지 않는다. 아이의 식습관을 놓고 애먹는 일은 다른 가정에서도 흔하게 일어나는 일이다. 아이들이 당근을 먹고 싶어 하지 않으면 당근 대신 다른 채소를 주지 절대로 채소가 아닌 것으로 대체하지 않는다.

잠자리에 드는 시간, 조이는 아빠에게 아무리 떼쓰고 징징거려도 간식을 주지 않는다는 사실을 알고 있다. 남편은 식탁에서 일어나면 더 이상 아무것도 먹지 말아야 한다는 나름의 철칙을 가지고 있다. 여기에 예외란 없다. 그런데 나는 조이처럼 잠자리에 들 때 간식을 입에 달고 있는 경우가 많아 조이가 빵을 달라고 하면 남편보다 쉽게 그 요구를 들어주는 편이다.

결국 이 부분에서 엄격하지 않은 나의 태도 때문에 기어코 문제가 벌어지고 말았다. 주말에 남편 혼자 아이들을 돌볼 때는 조이가 간식을 달라고 조르지 않는다. 어차피 소용없다는 것을 알기 때문이다. 하지만 나와 있을 때 조이는 잠자리에서 간식을 달라고 쉽게 요구한다. 내가 안 된다고 하면 조이는 의외의 대답에 당황해하며 간식을 줄 때까지 징징거린다.

이와 비슷하게 우리 집의 또 다른 골칫거리 문제는 바로 고무젖꼭지다. 친구 로라네 아이들은 침대에서 나오는 순간 고무젖꼭지를 바로 입에서 뗀다는데, 우리 집에서는 이 문제로 진땀을 뺀다. 왜 그런 것일까? 여기에 대해 로라에게 묻자 그녀는 내게 방법은 간단하다고 했다. 아이들에

쿨한 부모 행복한 아이

게 침대에서는 고무젖꼭지를 물고 있어도 되지만 침대 밖으로 나올 때는 절대 고무젖꼭지를 물고 있으면 안 된다는 규칙을 정하라고 말이다.

이게 과연 명확한 규칙일까? 우리 집도 비슷한 규칙이 있지만, 예외적으로 유아차 안에서 낮잠 잘 때는 고무젖꼭지를 물 수 있게 해준다. 아이들이 낮잠을 잘 수 없으면(주말에 바쁠 때 종종 일어나는 일) 늦은 오후에 소파에서 조용히 시간을 보내도 좋다고 허락한다. 한마디로 규칙은 있는데 예외도 많았던 것이다. 결국 규칙이 명확하지 않은 셈이다.

아침에 달콤한 비스킷만 먹으려 드는 산드라네 아들도 마찬가지다. 비스킷을 한 번 먹이고 나서 이후에도 두세 번 비스킷을 먹어도 된다고 부모가 허락했기 때문에 아이들이 아침마다 요구를 한 것이다. 아이들은 경험에 의해 행동한다. 처음에 정한 규칙을 지키지 않고 아이들이 원하는 대로 그때그때 들어준 것이 문제의 포인트다.

꼭 기억하자!

아무리 중요한 규칙이어도 아이들을 즐겁게 하고 싶어서 가끔 예외를 허용한다면 큰 문제는 아니다. 하지만 단순히 아이들과 다투는 것이 귀찮아 부모가 먼저 습관적으로 규칙을 쉽게 어긴다면 문제다. 이때는 가족 모두를 위해 좀 더 엄격하게 규칙을 세우고 지켜야 한다. 적응 기간이 조금 길어도 이 방법이 좋다.

부모의 규칙이 자주 바뀌어 혼란스러워하는 아이

우리는 싸움을 피하려는 마음에 쉽게 규칙을 어긴다. 그러나 여기에는 생각지도 못한 부작용이 따른다. 안 되는 것을 분명히 정했는데 꾸준히 지키지 않으면서 티격태격할 일이 많아진 셈이다. 무엇보다 우리 부모부터 중요한 원칙을 스스로 어긴 꼴이 된다. 그리고 떼쓸 때 마지못해 들어주는 경우 아이는 무조건 울고 보채면 원하는 것을 얻을 수 있다고 배운다. 마음이 약해져 양보하면 언제나 끝이 안 좋다.

마음이 약해지지 않으려면 어떻게 해야 할까? 우선은 아이의 나이와 발달 정도를 고려해 규칙을 정해보길 추천한다.

우리 집의 최대 고민이었던 '고무젖꼭지 떼는 일'은 운이 좋게 해결 방법을 찾았다. 레옹이 크레쉬^{crèche}(종일제로 운영하는 프랑스의 탁아소)에 들어가고 일주일 후의 일이었다. 나는 선생님들에게 레옹의 고무젖꼭지를 맡기는 것을 깜빡했다. 하원을 시키며 선생님들에게 레옹이 낮잠 잘 때 고무젖꼭지를 찾으며 보채지 않았느냐고 물었다.

"아뇨, 레옹은 늘 바로 낮잠을 자는걸요."

이 말을 듣고 나와 남편은 결심했다. 집에서도 더 이상 고무젖꼭지에 의존하지 못하게 하자고 말이다. 물론 며칠 저녁은 레옹을 달래면서 재우느라 정말 힘들었지만, 열흘쯤 지나자 레옹은 더 이상 고무젖꼭지를 내놓으라며 보채지 않았다.

이제 큰아이 조이의 고무젖꼭지 떼는 문제가 남았다. 우리 부부는 또한 번 전쟁을 치를 용기가 나지 않았다. 하지만 고무젖꼭지를 물고 있는 누나를 보고, 레옹이 다시 고무젖꼭지를 찾을 수도 있기 때문에 우리는 어떻게든 조치를 취해야 했다. 대신 이번에는 엄격하게 규칙을 적용했다. 오로지 침대에서만 고무젖꼭지를 허락하기로 한 것이다. 우리는 조이에게 유아차나 소파에서 고무젖꼭지를 물고 있으면 안 된다고 여러 번 못박았다. 우리의 단호함을 조이가 스스로 이해한 덕분일까. 놀랍게도 조이는 순순히 이 규칙을 따랐다. 고무젖꼭지를 놓고 끝없이 서로 티격태격할 일도, 조이가 당황하는 일도 없었다. 모든 것이 분명하게 정해졌다. 그뿐만 아니라 조이는 아끼는 고무젖꼭지와 빨리 만나려는 마음에 잠자리에 일찍 드는 습관이 생겼다.

더 이상 고무젖꼭지 때문에 싸우지 않아도 된다니! 진정한 해방이었다. 이 해방감의 비결은 딱 하나다. 정한 규칙은 아이나 부모 모두 예외 없이 꼭 지킨다는 것! 처음에는 강하게 밀고 나가다가도 중간에 흔들릴 수 있다. 하지만 이 고비를 넘겨야 한다. 아이가 떼써도 마음을 다잡고 차분하되 단호하게 대처하면 승리한다.

성공 사례로 내 친구의 이야기를 살짝 풀어보고자 한다. 친구 부부는 아침 6시에 일어나는 아이들 때문에 이런저런 노력을 하다 결국 정신과 의사에게 상담을 받았다. 의사는 친구 부부에게 부모와 아이의 행복 그리고 그들이 하나의 개개인으로서 정신건강과 사회생활을 위해 적절한 균형을 찾을 것을 조언했다. 의사의 조언대로 친구 남편이 일주일 동안 거실에서 잠들었다. 남편은 6시에 일어나 돌아다니는 아이들에게 엄마가 잠을 푹 잘 수 있도록 도와달라고 부탁했다.

"잘 잤니? 일찍 일어났네?"

"응! 잘잤어. 우리랑 놀아줘 아빠!"

"좋아. 그런데 아직 엄마가 자고 있으니 조용히 놀자."

"왜?"

"우리가 시끄럽게 하면 엄마가 잠을 충분히 잘 수 없거든. 엄마도 너희들이 푹 잘 수 있도록 해주잖아."

"그럼 어떻게 해?"

"이른 새벽에는 엄마랑 아빠가 일어날 때까지 조금만 조용히 놀면 돼. 방에서 놀아도 좋고."

잠에서 일찍 깨는 것은 자유이지만 다른 가족을 깨워서는 안 된다는 것을 여러 번 아이에게 인식시켰다. 이때 친구 부부는 아이에게 단호하면서도 최대한 친절하게 설명하려 노력했다고 했다. 부모의 노력 끝에 아이는 달라졌다. 친구는 다시 기운을 차렸고, 얼굴도 마음도 한결 편해졌다.

아이와 규칙 정하는 방법

- 중요한 규칙이라며 예외를 허용하지 않는다. 대신 말투는 친절하게 한다.

- 규칙에 예외가 있을 수는 있지만, 예외에도 분명한 기준이 있다는 사실을 아이에게 알려준다(아이와 같이 규칙을 정하면 더 좋다). 절대 이 규칙들을 어겨서는 안 된다고 못박는다.

- 규칙을 다시 살펴본다. 규칙이 정당하지 않거나 아이가 지키지 못할 규칙이라면 과감하게 규칙을 포기한다. 단, 가볍게 결정해서는 안 된다. 고무젖꼭지 규칙을 포기하기로 했다면 아이가 고무젖꼭지를 물고 있어도 절대로 잔소리를 하지 말아야 한다. 언제나 분명해야 하고, 부모의 기분에 따라 달라지지 말아야 한다.

3

인내심을 잃지 않으려면
어떻게 해야 할까?

누구나 긍정적이고 다정한 부모가 될 수 있다. 특별히 마음이 평온하고 차분한 성격을 지녔다거나 자유분방한 생각을 가지고 있다고 해서 쿨한 부모가 될 수 있는 것은 아니다.

우리 모두 미친 듯이 바쁘게 살면서 집안일과 사회생활을 병행하고 있다. 그러다 보니 스트레스 받고 피곤할 때가 많을 수밖에 없다. 누구나 한 번쯤 생각해보지 않나. 지금 당장 내 머릿속을 뒤흔드는 골칫거리 한두 가지만 창밖으로 내던지고 싶다고. 아무도 없는 무인도에서 혼자 며칠이라도 있고 싶다고 말이다.

몸과 마음이 지칠 대로 지친 상태에서 아이들에게 아무렇지 않게 다정히 대할 수 있을까?

쿨한 부모 행복한 아이

💬 전부 아이 탓으로
돌리지 말자

주말이 끝나가는 어느 일요일 저녁이었다. 이 책 초반에서 이미 들려준 이야기지만 나는 주말마다 혼자서 아이들을 돌봐 피곤했고(남편은 자격시험을 앞두고 도서관에서 복습하고 있었다) 친구들을 만날 시간도 없어 짜증난 상태였다. 레옹은 이것저것 해달라며 계속 보채고 울었다. 남편 없이 하루를 버텼던 나는 저녁 8시가 되자 아이들을 재우고 조용히 쉬고 싶었다. 그래서 아이들에게 저녁을 먹이고 잠옷을 입히려 했지만 조이는 나와 더 놀고 싶었는지 모든 상황을 장난으로 받아들였다. 나는 얼른 잠옷을 입히기 위해 조이의 다리 한 쪽을 잡았지만 조이는 용케 빠져나갔다.

"엄마, 이것 봐라. 나 캥거루처럼 뛸 수 있다."

그리고 이어서 조이가 이렇게 말했다.

"이것 봐, 침대 위에서 쿵쿵거릴 수 있어."

나는 다시 한번 조이의 발을 잡으려 했다.

"잠깐, 엄마. 침대 이불 속에 숨을 테니 나 찾아봐, 재밌겠다."

나는 지친 목소리로 이렇게 말했다.

"알았어. 그런데 잠옷부터 입고 그다음에 놀자."

마침내 나는 조이의 두 다리를 잡았지만 이번에 조이는 아주 빠른 속도로 다리로 페달 밟는 시늉을 했다. 아이를 키우는 부모라면 모든 것이 감당이 되지 않아 힘이 빠지는 순간을 경험한 적이 있을 것이다. 이럴 땐 어떻게 대처해야 할까?

꼭 알아둬야 할 것이 있다. 우리가 짜증나는 것도, 피곤한 것도 아이의 탓이 아니다. 물론 아이의 행동 때문에 짜증나거나 피곤할 수는 있지만, 전반적으로 피곤한 것이 100% 아이 탓은 아니라는 것이다. 우리가 피곤하지 않았다면 아이의 행동에 유머러스하게, 예민하지 않게 반응했을지도 모른다. 그러니 모든 것을 아이들의 탓으로 돌리고 버럭 화내기 전에 한발 물러서서 생각해보자.

조이가 정신없을 정도로 흥분해도 나는 감정을 추스른다. 그러고 나서 조이의 키에 맞춰 몸을 숙인 채 조이의 얼굴을 바라본다. 이렇게 하면 조이가 내 말에 귀를 기울이는 상태가 된다. 나는 조용하면서도 단호한 말투로 조이에게 말한다.

"조이, 엄마 좀 봐. 네 잘못은 아니지만 이번 주말에는 아빠 없이 혼자서 너희들을 돌보다 보니 엄마가 너무 피곤하고 스트레스를 받아. 엄마 혼자서 너와 레옹을 주말 내내 돌보고 있으니까. 지금 엄마는 너무 지쳐서 같이 놀 힘이 없어. 엄마가 잠깐 쉴 수 있도록 너희도 엄마를 도와줬으면 좋겠어. 무슨 말인지 이해하지?"

조이의 표정을 살펴가며 나는 말을 이어갔다.

"조이가 이렇게 계속 말을 안 들으면 엄마가 정말 짜증낼 수 있어. 그런데 엄마는 조이한테 짜증내고 싶지 않거든. 엄마가 어떻게 해야 할까? 주말에 아주 즐겁게 보냈잖아. 그러니 제발 엄마 좀 도와주라. 오늘 일 제대로 끝내자."

목소리는 친절했지만 나는 폭발하기 일보직전이었다. 그러자 조이가 쾌활한 목소리로 이렇게 답했다.

"이제 양치할 거야. 엄마랑 양치해서 좋아."

성공이었다. 소리 지르고 싶은 마음을 꾹 참은 결과였다.

내가 조이에게 "이제 그만해, 엄마가 슬슬 짜증이 나려 해. 얼른 잠옷 입어. 안 그러면 저 구석에 서 있게 한다."라고 화를 냈다면 분명 조이를 자극했을 것이 뻔했다. 조이 성격상 대들었을 테고, 결국 우리는 싸웠을 것이다.

하지만 나는 조이의 행동을 비난하지 않고, 내 기분을 말함으로써 협조를 이끌어냈다. 지금 피곤하니 잠옷 입는 일로 애태우지 말았으면 좋겠다고 알림으로써 말이다. 이를 계기로 조이는 다른 사람의 입장에서 생각하고, 배려하는 법을 배웠다.

💬 화나지 않은 척
넘어가지 말자

"참을성이 없어지려고 그래. 소리 지르고 싶지 않은데 계속 이러면 더 이상 못 참을 수도 있어. 나 좀 도와줄래?"

이 대화에서 느껴지듯 우리도 아이 앞에서 솔직해지자. 겉으로는 평온한 척하다가 더 이상 참을 수 없어서 갑자기 폭발하는 태도는 좋지 않다. 아무 내색도 하지 않다가 갑자기 화내기보다는 아이에게 그때그때 감정을 털어놓고 주의를 주는 것이 좋다.

'육아에 있어서 단호한 태도는 좋을까, 나쁠까? 단호한 태도가 아이들에게 도움이 될까?'라고 속마음을 품어본 적이 있지 않은가?

단호하거나 강박적인 부모의 태도가 아이들에게 큰 도움은 안 된다. 물론 아이들도 지켜야 하는 선이 있기에 엄격한 규칙은 필요하다. 아이의 건강과 안전, 가정의 평화를 위해 필요한 규칙은 엄격히 지키도록 하자. 이때 중요한 점은 규칙을 엄격하게 적용하되 아이에게 친절하고 공감하는 말투로 알려줘야 한다는 것이다.

💬 마음을 진정하기 위해 잠시 쉬자

이성적 판단을 위해 잠시 여유를 갖는다는 것? 안타깝게도 이런 방법이 매번 통하지는 않는다. 아이가 계속 말썽을 부릴 때가 있기 때문이다. 이럴 때는 아이가 우리를 일부러 자극하려 저러는 걸까 싶기도 하다. 그렇더라도 폭발하기 전에 다른 사람에게 아이를 맡기는 것이 좋다.

만약 지칠 대로 지쳤다면 남편이 나설 차례다. 교대할 사람이 없다 해도 화내며 아이의 볼기짝을 때려서는 안 된다. 그냥 자리를 피해 상황을 모면하라.

"너무 짜증나서 그러는데 잠시 떨어져 있을게. 네 옆에 계속 있다가는 야단을 칠 것 같아. 다시 올게."

이러한 태도는 아이에게도 좋은 본보기가 된다. 나중에 아이도 짜증 나는 상황이 생기면 친구를 때리기보다는 잠시 쉬었다가 올 수 있기 때문이다. 이렇게 부모가 먼저 솔직하게 말하면 아이는 걱정되어 도리어 협조적으로 나올 수 있다.

잠시 혼자 있으며 심호흡하거나 명상을 하면 화가 가라앉는다. 3초간 숨을 크게 들이마셔서 폐를 부풀렸다가 3초 동안 숨을 참고 다시 3초 동안 숨을 내쉬면서 시간의 흐름과 자신의 감각에 집중해보라. 지나간 일은 생각하지 말고. 이렇게 하면 현재 상황이 짜증스럽다는 것을 있는 그대로 받아들이는 데 도움이 된다. 상황을 객관적으로 바라보며 조금씩 평온함을 되찾을 수 있다.

🗨 자제력을 잃고 막말을 내뱉지 말자

나쁜 의도는 없다 하더라도 누구나 화내고 소리를 지를 수 있다. 하지만 이럴 때에도 막말만은 피해야 한다. 그래야 상황이 걷잡을 수 없이 악화되지 않는다. 아이에게 소리를 지를 때라도 "너는 구제불능이야.", "꼴도 보기 싫어." 같은 막말을 조심해야 한다. "너는 늘 늦더라. 제때 준비하는 꼴을 못 봐요. 누구를 닮아서 그렇게 느리니? 너한테 질렸다."라는 말도

결코 하지 말아야 하는 막말이다.

아무리 짜증이 나더라도 아이에게 절대 모욕이나 상처주는 말투로 비난하지 말아야 한다. 모욕감을 느낀 아이는 문제의 행동을 고치지 않는다. 물론 아이의 성향마다 반항심을 표현하는 방법은 다 다르겠지만, 상처받은 아이는 목청 높여 울거나 반항하려 하지 절대로 부모에게 협조하지 않는다.

다시 한번 강조하지만 나쁜 것은 아이가 아니다. 우리를 그토록 화나게 하는 것은 아이의 나쁜 행동이다. '비판은 필요악일까?(143페이지)'에서도 다루었지만 객관적인 사실, 아이의 행동과 문제 되는 말, 그리고 이에 대한 우리의 감정에 초점을 맞추자. "무슨 짓이야? 조심 좀 하면 어디가 덧나? 또 짜증나게 행동하네!"라고 소리치기보다는 "장난감이 여기저기 있네? 치우느라 피곤하다. 이렇게 어질러져 있으면 싫은데."라고 말하자. 눈에 보이는 상황을 객관적으로 묘사하고 상황에 대한 감정을 표현하자.

쿨한 부모 행복한 아이

"좀 쉬고 싶다. 피곤하네. 물건을 세 개 갖다달라고 해서 다 갖다주었는데 이제는 힘들다. 나 좀 쉴 수 있게 도와줘. 부탁할게."

화도 어쩌다 내야 효과가 있다. 참는 데도 한계가 있다는 것을 확실히 보여주는 것이다. 기억하자. 아이들은 우리를 모방하며 배운다. 아이에게 자주 소리를 지르면 아이도 소리 지르는 것을 배운다. 어쩔 수 없이 소리를 지를 때도 말을 가려서 해야 한다. 그래야 아무리 짜증이 나도 다른 사람들에게 상처를 주지 않는다는 모범을 보여줄 수 있다. 화를 내더라도 부정적인 결과가 나오지 않게 생각하면서 내자.

💬 아이에게 먼저 사과하자

아이와의 다툼은 높은 확률로 아이의 잘못에서 비롯되지만, 그렇더라도 분명히 알아둬야 한다. 싸움은 양쪽 모두에게 책임이 있다. 그러니 자존심을 내려놓고 먼저 사과하는 사람이 현명하다. 내가 먼저 사과하면 상대도 자연스럽게 사과를 한다. 그리고 우리의 사과가 통하려면 명확하게 어떤 잘못을 했는지 이야기해야 한다.

"○○아, 조금 전에 참을성을 잃고 소리질러서 엄마, 아빠가 정말 미안해. 많이 서운했지? 앞으로는 큰소리 내지 않을게."

사과를 먼저 했다고 우리가 했던 말과 행동이 무조건 잘못되었다는 뜻은 아니니 걱정 말자.

스트레스가 쌓여도 폭발하지 않고 침착함을 유지하는 방법

• 모든 것을 아이 탓으로 돌리지 않는다. 내가 피곤하거나 짜증 난다고 무조건 아

　이 탓은 아니다.

• 피곤하고 더 이상 참기 힘들면 아이에게 솔직하게 말한다. 아무렇지도 않은 척

　하지 않는다.

• 교대로 육아를 한다.

• 혼자만의 시간을 갖고 화를 가라앉힌다.

• 소리지르더라도 말은 가려서 한다.

• 화를 냈다면 아이에게 먼저 사과한다.

• 지나치게 화를 자주 내는 성향이라면 매일 10분씩 명상을 한다.

'쿨한 엄마', '쿨한 아빠'가 되려면
어떻게 해야 할까?

아이들의 행복도 중요하지만 부모인 우리들의 행복도 중요하다. 아이와 부모가 모두 행복해야 함께 즐거운 시간을 보낼 수 있다. 부모가 행복하지 않으면 인내심, 유머, 다정함으로 일상을 꾸려가는 몸과 마음의 에너지를 얻기 힘들다. 아이들에게는 긍정적으로 대하되 무조건 아이들을 방치하듯 내버려두지 않는 부모가 되어야 한다. 방임주의도 권위주의만큼 해롭기 때문이다.

한 가지는 확실하다. 쿨한 부모가 되고 싶다면 우리 자신을 돌봐야 한다. 그래야 아이들을 즐거운 마음으로 돌보는 데 필요한 마음과 에너지가 생긴다.

🗨 아이를 맡기고
나만의 시간을 갖자

부모도 자기 시간을 가져야 한다. 죄책감을 가질 필요가 없다. 잠깐 자기만의 휴식을 갖는다고 이기주의자가 되는 것이 아니다. 주변에서 보면 오히려 자신만의 시간을 틈틈이 활용한 사람들이 가족들을 대할 때 유머나 인내심을 갖는다.

정말 그렇다. 아이들도 자신들에게 100% 희생하느라 지칠 대로 지쳐 화를 잘 참지 못하는 참을성 없는 부모보다는 이해심 강한 여유 있는 부모를 더 좋아한다.

남편이 없는 주말이면 나 역시 아이들을 혼자 돌봐야 하기에 스트레스가 이만저만 아니다. 이 스트레스가 쌓이면 결국 폭발하고 만다. 나라고 왜 남들과 똑같이 쉬고 싶지 않겠는가. 나도 친구들과 다양하게 교류하며 시간을 보내고 싶다. 육아에 지친 내게도 친구들과 어울릴 시간이 필요하다.

피곤하고 짜증나면 잠시 일어나서 일상에서 좀 더 의미 있는 것은 무엇일지 생각해보자. 무엇이 가장 힘든가? 혼자서 저녁 시간 내내 바쁜 일상? 친구들을 만나기 힘든 상황? 회사에서 받는 업무 압박? 원하는 직업을 갖지 못한 현실? 아이들과 즐겁게 보낼 시간이 부족한 현실? 개인 시간이 부족한 일상? 왔다 갔다 하는 시간 때문에 낭비하는 시간과 에너지? 공간이 부족해 불편한 아파트? 부족한 운동 시간? 혼자 꾸려가는 버거운 집안 살림? 아침마다 아이들과 치르는 등원 전쟁?

쿨한 부모 행복한 아이

물론 이렇게 한다고 갑자기 모든 것이 달라지지는 않겠지만, 우리에게 가장 힘든 것이 무엇인지 제대로 아는 순간 이미 큰 발걸음을 내디딘 것이나 마찬가지다.

잠시 숨을 쉬기 위해서는 누군가에게 도움을 요청해야 한다. 주변에 아무도 없는 상황이 아니라면 가끔 친정이든 시댁이든 이웃이든 친구에게든 아이들을 맡길 방법도 고민해보자. 우리 집은 남녀평등을 원칙으로 한다. 다시 말해 가사 노동과 육아를 50:50으로 분담한다는 것이다.

운이 좋게도 나는 친정과 시댁이 그리 멀지 않은 곳에 위치해 있다. 도움받을 수 있는 분들이 주변에 있다는 것만으로도 감사할 따름이다. 이들이 있어 우리 부부는 짧은 시간이라도 자유를 잠깐 맛볼 수 있다. 그렇다고 부모들의 자아를 찾기 위해 1주일에 5일간 아이들을 맡기라는 뜻은 아니다. 정말 필요한 도움을 요청하자는 것이다!

수입이 일정한 부부라면 정기적으로 베이비시터를 불러 일상의 부담을 덜 수 있다. 그러나 아이를 키우는 부모라면 다 알겠지만 금전적 문제만이 다가 아니다. 선택의 문제도 있다. 각 가정마다 살아가는 방식과 가치관이 다르기 때문이다. 금전적인 여유는 있지만 휴가나 여가에 예산을 더 쓰는 걸 선호할 수도 있고, 아이를 믿고 맡길 만한 베이비시터를 구하는 것이 어려워 선택하기가 어려운 부모도 있다.

그렇다고 포기하지는 말자. 끊임없이 방법을 찾아보자. 나를 위해서, 아이를 위해서, 그리고 우리 모두를 위해서 가끔은 우리도 숨을 돌릴 시간을 만들어보자. 물론 아이를 잠시 동안 맡아준 신세는 꼭 갚는 조건이다!

다른 학부모와 협의해서 공동육아를 꾸릴 수도 있다. 공동육아를 하면 아이도 비슷한 연령대의 아이들과 만나기에 편할 때가 있다. 요즘에는 주변 이웃끼리 공동육아를 하는 나라가 꽤 늘고 있다.

💬 변화 없는
일상을 고민해보자

쿨한 부모가 되고 싶다면 일상에서 변하지 않는 부분은 무엇인지 고민하고 일상에 변화를 줄 수도 있어야 한다.

나는 언제나 도심에 살고 싶었다. 하지만 도심에서 벗어나 정원이 있는 집에 산다면 어떨까? 아이들과 가족 모두에게 진정한 위안이 될까? 이렇게까지 압박을 받고 시간을 투자할 정도로 내가 하는 일이 재미있고 보수도 좋을까? 아이들이 과외 활동을 줄이고 가족끼리 좀 더 시간을 보낼 수 있다면 우리 가족에게 좋은 일이 아닐까? 한 번도 생각해보지 않았지만 전업주부로 일하면 더 좋을까? 반대로 다시 정규직으로 일하면 내 기분이 더 좋을까? 직업을 바꾸거나 출퇴근 시간을 줄이기 위해 이사부터 가야 할까? 가계 수입을 따져보고 베이비시터나 가사도우미를 고용하는 것이 나을까? 적게 버는 대신 아이들과 시간을 더 많이 보내는 것이 나을까?

이처럼 우리는 다양한 고민을 안고 살지만 변화를 두려워할 때가 많다. 변화를 가로막는 방해요소부터 떠올리고 시간이 없다고 빨리 단념하기도 한다. 그러나 일단 변화를 시도하면 '왜 진작 하지 않았을까? 진작 할걸 그랬어!'란 생각을 하게 될 수도 있다.

현재의 상황이 피곤하거나 짜증난다면 환경부터 조금씩 바꿔야 한다. 그렇게 할 수 없다면 현재의 상황을 받아들이고 이겨나가야 한다(이럴 때는 명상이 좋다).

안 될 것이라고 지레짐작하기 때문에 변하지 못할 때가 있다. 시도도 해보기 전에 포기해버리는 것이다. 방법을 찾아봐야 소용없다고 생각한다. 1시간 동안만 짧게 아이들을 봐줄 베이비시터, 집에서 가까운 괜찮은 일자리, 서로 아이들의 등·하교를 도와줄 이웃이나 가족 등은 찾기 힘들 것이라며 아예 시도조차 하지 않는다. 그러나 잘 찾아보면 생각지도 못한 방법을 찾을 수도 있다. 주변에 이야기하고 다른 사람들과 고민을 나눠보면 혼자서는 생각하지 못했던 좋은 방법이 나올 수 있다.

변화하려면 에너지가 필요하다. 에너지가 있어야 좋은 직업, 좋은 집, 서로 돕는 이웃 가정을 찾을 수 있다. 에너지(혹은 시간)가 부족하면 에너지를 더 많이 받을 수 있는 환경을 찾을 힘도 없다. 그야말로 악순환이다.

이 악순환에서 벗어나려면 우리에게도 용기가 필요하다. 마음이 넓은 사람에게 이야기해보는 것도 해결 방법이 될 수 있다. 의외로 우리 주변에 아이들을 기쁘게 대신 맡아줄 사람들이나 국가(혹은 지역)에서 이뤄지는 복지가 많을 수 있다(복지는 누릴 수 있는 만큼 누리자!). 그러니 용기를 내어 부탁해보자. 우리에게 더 맞는 환경을 찾을 시간 혹은 에너지를 되찾을 시간이 생길 것이다.

꼭 기억하자!

완벽한 부모가 되는 것이 우리의 목표가 되어서는 안 된다. 우리가 지향해야 할 진정한 목표는 우리의 행복과 아이들의 행복 사이에서 타협점을 찾고, 아이와 함께하는 순간을 즐길 수 있도록 하는 것이다. 이러한 목표를 이루기 위해서는 일상 속에서 우리 스스로가 성숙할 수 있는 환경을 만드는 것이 중요하다.

쿨한 부모 행복한 아이

형제자매끼리 사이좋게 놀게 하려면
어떻게 해야 할까?

형제자매가 서로 라이벌 의식을 갖지 않고 잘 지낼 수 있게 하는 방법은 무엇일까? 이것은 책 한 권을 통째로 할애해도 완벽히 다루기 힘들 정도로 방대한 주제다. 그런 이유로 이 책에서는 형제자매 사이를 돈독히 할 수 있는 핵심적인 내용 위주로 짤막하게 짚어볼까 한다.

어느 여름 날, 해변에 있던 나는 어느 형제의 다툼을 목격했다.

"엄마!"

"왜? 무슨 일이야?"

"가스파르 형이 나한테 엄청 못되게 굴어."

"가스파르, 마티아스 좀 그만 괴롭혀."

형제의 어머니가 말했다. 잠시 후, 똑같은 상황이 반복되어 이번에는 큰아이가 엄마에게 소리쳤다.

"엄마!"

"왜 또 불러!"

"마티아스가 나한테 모래를 던져."

"마티아스, 형한테 모래 던지지 마."

아이들이 서로 싸우는 것은 부모가 원치 않는 일이기 때문에, 우리는 바로 끼어들어 싸움을 말리려고 한다. 그런데 부모가 중간에 심판 역할을 하면 아이들에게 도움이 될까? 과연 효과적일까?

● 아이들 싸움에 끼어들지 말자

아이들 싸움에 부모가 끼어들면 두 가지 문제가 생긴다.

• 첫 번째 문제

아이가 싸울 때 끼어들면 아이들은 혼자서 해결하기보다는 툭하면 우리를 찾을 생각을 한다. 조금만 싸움이 나도 언제든 달려와줄 내 손 안의 판사인 엄마와 아빠가 있기 때문이다.

그렇다고 방관하듯 상황을 지나치라는 뜻은 아니다. 매번 해결사처럼 누가 맞고 틀린지 구분하거나 아이의 입장을 부모가 알아서 정리해버리면 그만큼 부작용이 따른다. 앞으로 아이들이 무엇 때문에 스스로 다툼

쿨한 부모 행복한 아이

을 해결하려 하겠는가?

이는 경기가 어려우면 할리우드 액션으로 관중을 자극해 자신의 편으로 만들려고 하는 축구 선수를 상상하면 된다. 아이들 역시 어려서부터 인간관계 문제를 스스로 해결하도록 가르쳐야 지금이나 나중이나 좋다.

• 두 번째 문제

아이들이 싸울 때 부모가 어느 한 쪽 편을 들면 다른 한 쪽이 억울하다는 생각을 할 수 있다. 억울해하는 쪽이 유난스러운 것은 아니다. 실제로 싸움이 나면 두 아이 모두 잘못한 경우가 많다. 마찬가지로 싸움의 원인이 되는 물건을 빼앗으면("장난감 때문에 싸우니까 압수한다.") 조용히 잘 갖고 놀던 아이는 놀이에 방해를 받았다고 생각해 억울해한다("내가 시작한 거 아니야."). 누구나 상처를 받으면 자기반성을 하지 않는다.

앞선 상황처럼 부모에게 "마티아스 좀 그만 괴롭혀."라는 말을 들으면 형인 가스파르가 동생을 괴롭힌 자신의 행동을 진심으로 반성하며 앞으로 더 착하게 굴어야겠다고 결심할까? 그럴 것 같지는 않다. 오히려 가스파르는 '엄마는 늘 동생만 예뻐하고 감싸고돌아. 마티아스가 방금 나한테 한 짓을 생각하면 당해도 싸.'란 생각을 할 수 있다. 이는 속으로 분노를 삭이며 동생을 질투하고 경쟁상대로 삼기 시작하는 계기가 될 수 있다.

부모가 아이들 싸움에 끼어들면 일시적으로 문제를 해결할 수 있을지 모르지만 장기적으로는 바람직하지 않다. 아이 스스로 다툼을 해결할 수 있도록 부모는 옆에서 이끌어줘야 한다.

💬 아이가 스스로 해결 방법을
찾을 수 있게 돕자

그렇다면 아이 스스로가 다툼을 해결하도록 이끌어주려면 어떻게 해야 할까? 곧바로 끼어들기보다는 잠시 기다렸다가 아이들의 말을 진지하게 들어주자.

"가스파르 형이 괴롭혀?"

"응, 모래성 만들고 있는데 계속 물 뿌려!"

"아… 형이 모래성에 물을 뿌려서 싫었구나? 그럴 수 있지. 그럼 너는 어떻게 하고 싶어? 어떻게 하면 좋을지 한 번 고민해 봐."

이 순간 둘째는 공감을 받았다고 느끼고 첫째도 역시 혼났다는 생각이 들지 않는다. 이때를 노려 첫째에게 스스로 해결 방법을 찾을 수 있게 돕는다.

"동생이 싫어하는데 어쩌면 좋지? 어떻게 하면 좋을까?"

사실 조이도 친구 테오와의 사이에서 비슷한 일을 겪은 적이 있다. 어느 날 테오가 집에 놀러왔다. 그런데 테오가 실망한 모습으로 거실에 앉아 있었다. 잠시 후 테오는 억울한 표정을 짓더니 내게 말을 걸었다.

"조이가 소방차 장난감 안 빌려주려고 해요."

마음 같아서는 조이에게 "당장 빌려줘."라고 말하고 싶었지만 꾹 참고 다른 방법을 선택했다.

"테오도 소방차 장난감을 갖고 놀고 싶구나. 테오라면 조이한테 먼저 양보를 해줬을 텐데. 테오가 한 번 조이에게 '조이, 소방차 장난감 이제

나도 갖고 놀고 싶어. 그런데 나한테 소방차 장난감을 안 빌려줘서 너무 속상해.'라고 말해보는 건 어때? 조이가 그럼 바로 소방차 장난감을 줄 것 같은데."

아이들에게 감정을 표현하는 법을 가르쳐줘야 한다. 무턱대고 혼내기보다는 아이들이 자신의 감정을 표현하도록 돕는 것이 좋다. 이렇게 하면 테오도 조이의 양보를 얻어낼 수 있다. 조이도 일부러 친구를 속상하게 할 마음은 없기 때문이다.

"알았어. 한 번만 더 갖고 놀고 바로 빌려줄게. 됐지?"

"그래."

물론 소방차 장난감을 갖고 놀고 싶다는 마음이 너무 커서 조이가 양보하지 않을 때도 있다. 그러면 싸움이 벌어진다. 그럴 때 어른들은 상처받은 아이를 달래며 함께 할 수 있는 다른 놀이를 찾아보면 된다.

"테오야, 이리 좀 와볼래? 우리 같이 색칠 놀이 하자."

몇 분 후 긴장된 분위기가 풀리면 이번에는 조이에게 다가간다.

"조이야, 엄마랑 잠깐 이야기할까?"

"응. 왜 엄마?"

"조금 전에 조이가 테오한테 소방차 장난감 안 빌려주니까 테오가 속상해하는 거 봤지?"

"응…."

"너 평소에 안 그러잖아. 잘 빌려주고 그랬잖아. 테오가 너한테 화가 난 것 같아. 테오에게 미안하다고 하자."

"왜?"

"테오가 슬픈 얼굴을 하고 있게 놔둘 수는 없잖아."

"알겠어, 엄마."

아이가 친구의 기분을 이해할 수 있도록 우리는 옆에서 도와줘야 한다. 그러면 굳이 아이에게 강압적으로 친구를 위로해주라며 나무랄 필요가 없다. 보통, 아이들은 싸움을 좋아하지 않고 알아서 잘 화해한다.

아이들이 말다툼할 때 옆에서 유머를 사용해도 좋다. 아이들도 친구 관계를 형성하다 보면 부모보다 더 자신들을 귀찮게 하고 괴롭히려 드는 아이들을 만날 때가 있다. 대부분 그런 아이들은 악의가 있어서가 아니라 친구와 놀고 싶은 마음에 놀리려고 그러는 경향이 크다. 이때는 짜증스러워하는 어린아이의 귀에 대고 속삭인다.

"가서 간지럼 태워. 아니면 늑대로 변신해 겁 좀 줘 봐."

유머를 사용하면 이 모든 일이 유쾌하게 마무리될 수 있다. 아이에게 유머를 사용해 담담하고 긍정적으로 반응하는 법을 가르쳐주면 다툼이 생겨도 현명하게 관리할 수 있다. 같은 말도 긍정적으로 표현하면 친구관계가 훨씬 원만해진다.

🗨 치유보다는
예방이 중요하다

아이의 행동이 정말로 마음에 들지 않아 두고 볼 수 없을 때가 있다. 한 번은 놀이터에서 우리 딸에게 삽과 양동이를 빼앗긴 여자아이가 눈물을 흘리고 있었다. 이를 지켜보던 여자아이의 부모는 우리를 빤히 쳐다봤다. 이런 상황에서도 나는 아이들만의 문제에 끼어들지 않으려 무척이나 애를 썼다(양쪽 어른 중 누구 한 명이 끼어드는 순간 어른들 싸움으로 번질 수 있다!). 아이를 보호하겠다는 이유로 혹은 아이의 버릇을 단단히 고치기 위해 사람들 앞에서 아이를 혼내는 행동 역시 부모의 감정만 앞세운 상황이다. 아이들을 믿고 꾹 참고 기다려보자.

이 밖에도 놀이터 모래판에서 아이들끼리 양동이를 빼앗을 때, 미키 마우스가 그려진 컵은 하나뿐인데 아이들이 모두 아침식사 때 그 컵만 노릴 때, 동생이 생일 선물로 새 장난감을 받았는데 조이가 그 장난감을 탐낼 때가 나에겐 평소 어려운 과제였다.

"조이, 손으로 빼앗지 말고 꼭 빌려달라고 말해. 알겠지?"

나는 아이들이 다투기 전에 미리 손을 쓰기 때문에 아이들 싸움에 끼어들 일이 없다. 조이에게 좋은 방법만 알려줄 뿐 나머지는 알아서 하게 놔둔다.

두 번 중 한 번 정도지만 조이가 레옹에게 장난감을 빌려달라고 친절하게 부탁하면 레옹은 빌려준다. 조이도 부드럽게 나와야 이득이라는 것을 안다. 부드러운 방법이 통하지 않을 때 조이는 레옹으로부터 양보를 얻어내기 위해 이런저런 자기만의 꾀를 나름 쓴다. 레옹의 장난감을 다른 장난감과 교환한다든지(매우 효과적!), 레옹이 다른 것에 관심을 보일 때까지 잠시 기다린다든지 말이다.

아이들 스스로 상대방과 대립 구도에 있을 때 서로에게 좋은 해결 방법을 찾도록 기회를 만들어주자. 그 방법이 우리 눈에는 별로여도 상관없다.

꼭 기억하자!

지금까지 소개한 조언들이 만병통치약은 아니다. 하지만 서로 경쟁심과 질투가 적을수록 형제자매들이 다투는 횟수도 줄어든다. 아이들이야 늘 다툴 수 있다. 자연스러운 일이니 심각하게 생각하지 말자. 아이들이 싸움을 빨리 끝내고 서로의 마음에 앙금이 남지 않도록 스스로 해결하는 법을 가르치는 일이 중요하다.

쿨한 부모 행복한 아이

🗨 단호한 심판자처럼
굴지 말자

하루는 집에 늦게 돌아온 적이 있었다. 그런데 레옹이 울고 있었다. 조이가 평소 탐내던 레옹의 장난감을 빼앗은 것이다. 이 상황에서 내가 사용한 것은 공감 능력이었다.

"레옹 우는데 불쌍하지 않아? 레옹을 어떻게 하면 위로할 수 있을까? 방법 좀 찾아보자."

나는 누가 잘했고 잘못했는지를 따지지 않고 아이들 사이에 끼어들지도 않으며 조이를 벌주지도 않는다. 조이에게 레옹이 우는 모습을 보라고만 한다. 조이는 우는 레옹을 보며 자신의 행동으로 인해 어떤 일이 벌어졌는지 깨닫는다.

그다음에 나는 조이에게 상황을 해결할 수 있는 방법을 스스로 찾아보라고 이끌어준다. 평소에 조이는 레옹에게 다른 장난감을 빌려준다. 그러면 모든 문제가 해결된다. 조이를 벌주지 않고 조이에게 책임감을 심어주면 싸움이 잠잠해진다. 이 과정에서 아이들은 스스로 다툼을 해결하는 법을 배운다.

하지만 조이가 전혀 반성하지 않고 레옹이 울고 있어도 꿈쩍도 하지 않는다면? 이때도 나는 꾹 참고 심판자처럼 굴지 않는다. 그래야 아이들 사이에 경쟁심을 부추기지 않는다. 나는 레옹에게 다가가 "장난감을 빼앗겨서 슬프겠다."란 말로 위로할 뿐이다.

그러고 나서 나는 레옹을 다른 놀이에 집중하게 해준다. 레옹은 나의 위로와 관심을 받으며 장난감을 잠시 잊고 다른 놀이를 한다. 레옹이 누나에게 분노하지 않게 하려는 나름의 전략이다. 운이 좋으면 조이가 나와 레옹이 노는 모습을 흘끔거리며 보다 이내 후회하고 레옹을 위로하러 올 수 있다. 그렇다면 나는 둘을 화해시키고 싶은 마음에 조이에게 레옹의 뺨에 뽀뽀를 해주고 미안하다고 말하면 어떻겠냐고 묻는다. 이 정도면 문제가 깔끔하게 해결된다.

만일 조이가 사과하러 오지 않으면 나는 분위기가 풀릴 때까지 기다렸다가 아까의 일을 재빨리 다시 이야기로 꺼낸다.

"아까 네가 레옹의 장난감을 빼앗는 것을 보고 놀랐어. 레옹 우는 거 봤지? 네가 친절하게 부탁했으면 레옹이 장난감 빌려줬을 거야."

아이들이 매번 심하게 싸우면 상황은 훨씬 곤란해진다. 이때는 시간과 참을성이 더 필요하지만 꿋꿋이 잘 버텨야 한다.

쏠쏠 육아 Tip

상황별로 아이의 감정을 대처하는 방법

[아이들 사이의 분위기가 심상치 않을 때]

· 끼어들지 않고 참는다.

· 아이들이 각자 느끼는 감정을 쉬운 말로 표현해준다.

· 아이들이 스스로 해결 방법을 찾을 수 있게 돕는다.

쿨한 부모 행복한 아이

[싸움이 벌어질 때]

- 아이들이 서로 치고 박으면 그냥 보고 있지 않는다.

- 아이들이 서로의 기분을 이해하도록 돕는다.

- 상처받은 아이를 보듬어준다.

- 싸움이 멈추고 조용해지면 조금 지난 뒤에 이 문제에 대해 한 명씩 서로 마주보
  고 다시 이야기한다.

4장

우리 아이를
행복한
사람으로
만들자

아이에게 자신감을
심어주려면 어떻게 해야 할까?

부모인 우리가 가장 바라는 것은 아이의 행복 아닐까? 아이가 행복한 어른으로 자랄 수 있게 돕는 것이야말로 우리 부모들이 궁극적으로 추구하는 목표일 것이다.

긍정 심리학은 행복의 '원인'에 관심을 갖는다. 행복하려면 감정에 휘둘리지 않고 감정을 있는 그대로 받아들일 수 있어야 하고, 과거와 미래를 걱정하지 않고 현재의 순간을 즐길 수 있어야 하며, 가정, 직업, 사회관계가 만족스러워야 한다.

행복을 부르는 또 다른 열쇠는 이타심이다. 다른 사람들을 친절하게 대하면 마음이 행복하다. 아이들이 다른 사람들에게 이타심을 발휘하며 기쁨을 느낄 수 있게 해주려면 어떻게 해야 할까?

💬 아이가 능력을
발휘하도록 도와주자

아이에게 자신감을 심어주려면 자존심 상하게 하는 말, 상처가 되는 비판, 볼기짝 때리기, 그 외의 윽박지르는 말과 체벌로 모욕을 주어서는 안 된다. 그보다는 아이가 도전하고 싶다는 마음이 들 수 있게 이끌어줄 필요가 있다. 실제로 우리도 아주 어렵다고 생각한 것을 성공시킬 때 뿌듯하지 않은가? 의자에 올라가려는 어린아이를 생각해보자. 왜 그런 아이를 보면 얼른 달려가 도와주고 싶을까?

소아과에 갔을 때다. 레옹은 높은 의자에 앉기 위해 의자를 꼭 잡고 발꿈치를 들며 나름 애를 썼다. 다른 환자들은 어리둥절한 표정으로 레옹의 모습을 바라보며 눈빛으로 이렇게 말하는 것 같았다.

'엄마라는 사람이 아이를 안 도와주고 뭐 하는 거야?'

당연히 나는 도와주지 않는다. 아이를 믿고 있는 그대로 바라봐주는 편이다. 그런데 대기실에 있던 어느 남자 분이 너무 친절한 나머지 자리에서 일어나 레옹을 안아 의자에 앉혔다. 레옹이 혼자서 해냈으면 뿌듯했을 텐데 그런 기쁨을 느낄 기회를 놓쳐 안타까웠다. 그대로 놔두었으면 레옹은 분명 성공했을 것이다.

여기서 중요하게 짚고 넘어가야 할 포인트는 바로 아이의 '부탁(도움 요청)'이다. 만일 레옹이 도움을 요청했으면 나도 당연히 도왔을 것이다. 하지만 레옹이 혼자서 의자에 올라가 앉았다면 마치 산꼭대기에 올라간 등산객처럼 뿌듯했을 것이다. 마찬가지로 등산객도 헬리콥터의 도움을

쿨한 부모 행복한 아이

소아과

받아 산꼭대기에 올라갔으면 뿌듯한 행복함과 성취감이 크진 않았을 것이다.

꼭 기억하자! 조그만 것이라도 아이를 늘 도와주면 아이에게 '나는 혼자서 아무것도 할 수 없어'라는 생각을 심어주게 된다. 그렇게 되면 아이는 조금만 힘들어도 툭하면 우리에게 도움을 요청해 스스로 성장할 기회를 많이 잃어버릴 수 있다. 우리가 아이들에게 책임감을 심어주고 스스로 해낼 기회를 주어야 아이들이 자신감을 갖는다. 이를 위해서는 아이가 혼자서 해내기까지 시간이 조금 걸릴 수도 있고 아이가 이룬 결과가 어설플 수도 있다는 점을 부모도 편하게 받아들여야 한다.

🗨 아이가 하는 모습을 옆에서 묵묵히 지켜보자

나는 레옹이 아빠와 설거지를 하다가 옷이 젖으면 알아서 옷장으로 가 새 티셔츠를 찾게 놔둔다. 또 조이가 인형을 깜빡하고 집에 놓고 오면 집 열쇠를 주고 혼자서 인형을 가져오게 한다. 이렇게 하면 아이들은 스

쿨한 부모 행복한 아이

스로 해냈다는 뿌듯함을 느낀다.

아이들이 도움을 요청해도 어느 정도까지만 도우면 된다. 아이들 대신 모든 것을 다 해주면 안 된다. 아이가 요구르트병을 잘 못 연다면 대신 열어주지 말고 아이가 쉽게 열 수 있게 아주 살짝만 뚜껑을 뜯어준다. 아이에게 어떤 일을 맡길지 잘 선택하자. 지나치게 쉬운 일(성취감을 느끼지 못할 수 있다)이나 지나치게 어려운 일(당황스러울 수 있다)은 별로다.

아이들의 방법이 어설퍼보여도 그대로 지켜보자. 아이가 혼자 요구르트병을 열다가 요구르트 절반이 바닥에 쏟아졌다면? 상관없다. 아이가 알아서 걸레를 갖고 와 바닥을 치울 수 있게 기회를 주면 된다.

아이들이 혼자서 했으면 좋겠다고 생각하는 일은 여러 가지가 있다. 몇 가지 예를 들자면 양치하기, 옷 입기, 장난감 치우기와 같은 것들이다. 그 외에도 우리가 기회만 주면 아이가 혼자 할 수 있는 일이 많다. 우리 부모들은 아이들이 혼자서 할 수 있도록 자립심을 길러줘야 한다. 아이가 필요로 하는 물건을 아이의 키 높이에 맞는 곳에 놓아주거나, 발판을 사주거나, 아이에게 맞는 식기를 주거나, 아이가 하는 행동이 어설퍼도 그대로 놔두면 된다.

쏠쏠 육아 Tip

성장에 따른 아이의 행동 (반드시 다 그런 것은 아니다. 아이마다 성장 속도가 다 다르다!)
- 생후 10개월이 되면 혼자서 음식을 조금씩 먹을 수 있다.

- 생후 18개월부터는 계단을 내려가고(기어서 뒤로), 간식으로 먹을 감자칩 그릇을 들고, 컵을 하나씩 들 수 있다. 발판을 사용해 위에 놓여 있는 파이를 집고, 키가 닿는 찬장에서 꿀을 꺼내 끝이 둥근 나이프로 파이에 발라먹을 수 있다. 걸레로 닦고, 엘리베이터의 버튼을 누르며, 가방에서 간식을 찾거나 종이를 휴지통에 버릴 수 있고, 식기 세척기 비우는 것을 도울 수 있다. 간단한 기계 버튼을 누를 수도 있다.

- 세 살이 되면 손을 닦고, 요구르트병을 열고, 다른 방에서 옷을 갖고 오고, 잃어버린 신발을 찾고, 생선을 자르고, 변기 물을 내리고(위생 관념이 생기기 시작했다면), 빈 그릇을 씽크대에 갖다 넣고, 혼자서 얼굴을 씻거나 신발을 신고, 음식이 가득 담긴 접시를 식탁에 가져오고, 작은 물병을 사용할 수 있다.

- 네 살이 되면 단추를 채우고, 병에서 물을 따르고, 열쇠로 문을 열고, 물병을 열고 닫고, 화장실에서 혼자 뒤처리하고, 귤껍질을 벗기고, 끝이 무딘 가위로 상자를 잘라서 열고, 침대에 이불을 깔고, 간식을 봉지에 담고, 열차 탈 때 들고 갈 짐을 쌀 수 있다.

💬 아이의 자신감을 키우되
거만해지지 않도록 이끌어주자

아이가 무엇인가 혼자 하면 부모인 우리는 너무나 뿌듯해 아이를 한껏 띄워준다. 그러나 어느 날 조이가 자기자랑을 하는 말을 듣고 나는 더 이상 조이를 띄워주지 않기로 했다.

여름 방학 때의 일이었다. 조이가 수영장에서 혼자 잠수하는 법을 배웠다. 나는 그런 조이에게 계속 칭찬 세례를 퍼부었다.

"우리 딸 최고! 너 아까 잠수 정말 잘 하더라!"

그런데 조이가 할머니를 향해 말했다.

"나 잠수 정말 잘 해! 나보다 잘하는 애는 없어!"

조이가 거만한 말투로 자기자랑을 하는 모습이 마음에 썩 안 들었다. 내가 너무 칭찬을 해서 조이가 거만해진 것일까? 생각을 해봤다. 그리고 아이가 이룬 결과를 칭찬해주기보다는 아이가 그 결과를 이루기 위해 기울였던 노력을 칭찬하는 것이 더 중요하다는 결론에 도달했다. 아이도 자신이 목표를 이루기 위해 한 노력을 뿌듯하게 생각할 수 있어야 한다.

"처음에는 잠수하는 것이 무섭다며 내 품에 달려들었는데 내 손과 손가락을 잡고 조금씩 연습하더니 이제는 혼자서도 하네. 이렇게 발전해서 기분 좋겠다!"

내 칭찬의 포인트가 달라지자 아이도 나아지는 자신의 모습에 자신감을 얻었다. 조이가 두려움을 이기고 잠수하는 법을 배웠다면 이다음에도 다른 두려움을 극복해 새로운 목표를 이룰 수 있을 것이다. 하지만 결과만 칭찬해주면 아이는 확실히 부모로부터 칭찬과 인정을 받을 수 있는 '쉬운' 도전만 선택한다. 부모가 노력을 칭찬해준다면 아이는 더 많이 노력하고 집중하고 인내해야 하는 새로운 도전을 시도할 수 있다.

큰아이 앞에서 동생을 칭찬하면 큰아이가 질투할 수 있다. 만약 큰아이가 "나도 벽 잘 타. 그런데 왜 나한테는 칭찬 안 해줘?"라고 묻는다면 건성으로 상황을 모면해선 안 된다. 이때 아이가 싫어하는 부모의 대답은 바로 "너는 그래야지. 형(오빠)이잖아.", "너도 어릴 때 칭찬해줬어."와 같은 말들이다. 현재 아이의 감정을 잘 읽어줘야 한다.

꼭 기억하자! 아이들이 목표를 이루었을 때 결과만 칭찬해선 안 된다. 그보다는 아이들이 목표를 이루기 위해 한 노력, 목표를 이루는 과정에서 보여준 발전적인 모습을 칭찬하자.

쿨한 부모 행복한 아이

아이의 자아실현을 도우려면
어떻게 해야 할까?

이다음에 행복한 어른이 되려면 아이에게 무엇이 필요할까? 친구들? 여행과 다른 문화 탐구? 자연과의 만남? 아파트를 살 수 있는 충분한 돈? 별장? 회사 창업?

긍정 심리학 전문가 플로랑스 세르방 슈레베르Florence Servan-Schreiber는 《Power Patate》(Marabout출판사, 2014년)라는 책에서 다음과 같은 답을 제시한다. 우리와 아이들이 행복하려면 마음이 편안하고, 자신에게 잘 맞는 일상이 펼쳐지고, 온전히 자기 자신이 될 수 있는 기분 좋은 환경에서 성장해야 한다는 것이다. 좋아하는 것을 하고 동기부여가 되는 것에 몰두할 때 행복이 찾아온다.

🗨 아이가 있는 그대로의 모습으로
있을 수 있게 하자

나의 행복도 그렇다. 내가 하는 것이 좋고, 동기부여가 되고, 몰두할 때 행복하다. 행복하면 모든 행운을 내편으로 만들어 어떤 계획이든(직업적인 계획이든 개인적인 계획이든) 성공시킨다. 성공을 맛보면 자신감이 생긴다. 그야말로 선순환이다. 내가 행복하면 주변에도 좋은 영향을 준다. 모두가 이익이다. 우리가 행복할수록 주변에 행복 바이러스가 전파된다. 앞에서 살펴본 대로 자신감이 없거나 진정한 행복을 느끼지 못하는 사람일수록 대체로 남에게 못되게 군다.

그렇기 때문에 아이의 말, 아이가 원하는 것, 아이의 꿈에 귀를 기울여야 한다. 아이가 무엇을 두려워하는지, 어려워하는지에 대해서도 정확히 파악하자. 우리가 바라는 것과 두려워하는 것을 아이에게 전가하지 말아야 한다. 아이가 진심으로 원하는 길이 아닌데 억지로 가라고 하면 안 된다. 아이는 자신과 맞지 않는 것에 몰두하면 역효과가 난다. 당연히 아이는 부모의 기대를 만족시키지 못하고 시간만 낭비하며 살아가는 꼴이 된다.

우리 어른도 그렇다. 나도 좋아하는 직업을 가질 때, 사는 곳이 나와 잘 맞을 때 기분이 좋다. 아이도 마찬가지다. 그런데 우리는 이런 아이의 마음을 잊을 때가 많다.

무엇이 아이에게 기쁨이 되고 성향과 잘 맞을까? 이를 어떻게 알 수 있을까?

물론 답을 찾는 것은 우리가 아니다. 우리는 그저 아이가 스스로 자신의 행복을 찾을 수 있게 도우면 된다. 특히 다음 세 가지 내용을 기억하자.

- **첫 번째**

아이가 현재 좋아하는 것을 하거나 앞으로 좋아하게 되는 것을 할수록 행복해진다.

- **두 번째**

아이는 자신다워질수록 행복해진다.

- **세 번째**

부모가 나서서 아이 대신 행복을 찾아줄 수도 없고 그래서도 안 된다.

🗨 아이가 자신의 장점을 활용할 수 있도록 용기를 주자

사람은 좋아하는 것을 해야 발전한다. 자신이 좋아하는 것을 할수록 몰입이 되어 최선을 다한다. 자신의 단점에 집중하지 않고 장점을 활용해야 결과가 좋고 최고의 성과를 낼 수 있다.

얼마 전에 업무 차 세미나에 참석한 적이 있다. 이날 고위 임원직 연사들이 기업계의 힘든 점을 차례로 소개했다. 무난한 강연도 있었고 기억에 남는 좋은 강연도 있었다. 왜 이런 차이가 날까?

그냥 무난한 강연을 해준 분들이 준비를 덜한 것도 아니고 똑똑하지 않은 것도 아니다. 하지만 강연을 더욱 인상 깊게 해준 분들은 공통적으로 훨씬 열정이 넘쳤다. 이분들은 자신의 직업을 진심으로 사랑했고 그 열정이 고스란히 청중들에게 전달되었다. 무난한 강연을 해주신 분들은 준비와 연구를 많이 하긴 했으나 청중들에게 진심 어린 열정이 전달되지 않은 것이다.

우리 모두 자신에게 맞는 길을 가야 해당 분야에서 뛰어난 능력을 발휘한다. 부모가 아이에게 맞지 않는 길을 억지로 가라고 해서는 안 된다. 그러면 아이는 에너지만 낭비한다. 물론 아이가 별로 좋아하지 않는 과목을 열심히 공부한다면 성적이 잘 나올 수 있고 나중에 괜찮은 직업을 가질 수도 있다. 그렇다고 아이가 진정한 행복을 느낄까? 오히려 아이가 부모의 지지를 받아 자신의 장점을 살릴 수 있는 적성에 맞는 길을 갈 때 진정한 행복을 누릴 수 있을 것이다.

누구나 단점을 고치기 위해 열심히 노력하면 발전할 수 있다. 해냈다는 성취감에 진정한 행복을 느낄 수도 있다. 그러나 이는 엄밀히 말해 비효율적이다. 무조건 열심히 노력하는 것보다 노력하는 과정에서 즐거움을 느껴야 효과가 크다.

아이나 어른이나 좋아하는 것을 해야 진정으로 발전한다. 단점보다 장점에 집중할 때 더욱 성장한다. 자칫 우리의 단점만 바라보고 이를 개선하자고 이것에만 매몰된다면 앞으로 나아가지 못하고 정체될 수밖에

쿨한 부모 행복한 아이

없다.

내가 바로 산 증인이다. 국어를 잘 못했던 나는 중학교에 들어가서야 그 이유를 분명히 알았다. 글을 잘 못 썼기 때문이다. 나는 무엇이든 작문을 의무적으로 해야 하는 것이 싫었다. 글을 쓰려면 노력을 엄청나게 많이 해야 했다. 발표, 요약, 숙제, 모든 것을 말이다. 악몽 그 자체였기에 엄청난 에너지를 쏟으며 노력했다. 그러나 결과는 별로였다. 이 당시 훗날 내가 블로그를 운영하게 될 줄은, 더구나 책을 쓰게 될 줄은 어느 누구도 상상하지 못했다.

그런데 2년 전, 친구 한 명(행운의 친구)에게 이런 말을 들었다.

"너의 훌륭한 교육관을 다른 사람들과 공유해도 좋을 것 같아. 블로그를 해보지 그래?"

"좋은 생각이지만 내가 글 솜씨가 없어서…."

그러자 친구가 이렇게 대답했다.

"아이디어가 좋으니까 블로그 글도 잘 쓸 거야."

국어가 젬병이었던 내게 블로그라니! 나는 헛웃음이 나다가도 어딘지 모르게 자꾸만 욕심이 났다. 곰곰이 생각해보면 친구의 말이 틀리지 않아서였다. 내게는 사람들과 공유해볼 만한 충분한 에피소드가 쌓여있었다. 이는 꼭 국어를 잘해야만 하는 것이 아니다. 남들과 소통하는 능력, 에피소드를 자신 있게 풀어낼 수 있는 성향과 더 밀접해 보였다. 블로그는 어쩌면 나를 표현할 수 있는 완벽한 수단이라 생각되었다. 나의 신념은 더욱 뚜렷해졌고, 혹시 몰라 작문에 능통한 친구(이하 '카미유')에게 확인을 받는 검정 과정까지 거쳤다. 카미유는 내 글에 대해 문법과 철자 오류가 가득하다는 구조적 지적을 하는 대신 글의 핵심을 긍정적으로 검토해줬다.

"정말 재미있다. 학부모 독자들이 좋아할 글 같아."

그리고 카미유는 조언도 잊지 않았다.

"주제별로 포스트를 쓰면 더 읽기 쉬울 것 같아."

이처럼 카미유가 나의 단점(문체)보다는 나의 장점(아이디어)을 봐준 덕분에 나는 발전할 수 있었다. 지금 나는 진정으로 긍정적인 선순환을 경험하고 있다. 나의 생각과 이야기에 독자들이 관심을 많이 보여주자 더 잘 쓰고 싶다는 생각이 든다. 나의 블로그에 댓글이 달리고 나의 블로그 포스트가 다른 독자들의 페이스북에 공유될 때마다 힘을 얻는다. 모든 것이 주변 사람들의 따뜻한 마음 덕분이다.

이런 이야기를 들려주는 이유는 긍정 심리학이 매우 효과적이라는 말을 하고 싶어서다. 자신의 단점에만 집중해 단점을 고치려는 노력만 한다면(나는 작문 연습만 15년 넘게 했다) 발전은 할 수 있지만 시간낭비도 될 수 있다. 진정으로 크게 성장하려면 마음을 움직이는 진정한 동기를 찾아야 한다. 나는 엄마로서의 생각과 경험을 다른 사람들과 공유하고 싶다는 마음이 컸다. 확실히 무엇이든 즐겁게 해야 결과도 좋다.

 꼭 기억하자! 아이가 행복하고 만족감을 느끼게 하고 싶거나 아이가 항상 최선을 다하게 하려면 아이를 어떤 틀에 맞추지 말아야 한다. 아이가 장점을 기를 수 있도록 격려해줘야 아

쿨한 부모 행복한 아이

이의 자신감이 커진다. 그리고 아이가 좋아하는 것을 하며 발전하고 행복을 느낄 수 있도록 이끌어주자.

구체적으로 칭찬하고 격려하자

아이들이 자신의 장점을 발견하고 살릴 수 있게 하려면 구체적으로 칭찬과 격려를 해주는 것이 좋다.

몇 년 전 나는 두 번의 결혼식에서 증인 역할을 했다. 첫 번째 친구의 결혼식에서는 짧은 연극 공연을 했다(용기를 내봤다. 사실, 공연 전문가도 아닌데 말이다). 관객들은 나의 공연을 재미있게 보는 것 같았다. 공연이 끝나고 나는 칭찬을 많이 들었다. 어찌나 기쁘던지! 내가 받은 칭찬은 크게 두 종류였다. 하나는 "대단했어요!", "브라보!", "축하해요!" 같은 일반적인 칭찬이었고, 또 하나는 좀 더 다양하고 구체적인 칭찬이었다. 예를 들면, 이런 말들이다. "풍자 좋았어요.", "아까 마임 공연 정말 재미있던데요!", "최고예요! 모두가 공감할 수 있는 농담이 나와서 좋았어요." 등등.

두 번째 친구의 결혼식에서 읽을 원고를 준비할 때도 첫 번째 친구의 결혼식 공연에서 받은 긍정적이고 건설적인 칭찬을 마음에 새겼다. 친구들이 나의 장점을 이야기해준 덕에 나는 내 장점을 더욱 발전시킬 수 있었다. 뭉뚱그려 해주는 칭찬은 듣기에는 즐거워도 성장하는 데 별로 도움이 되지 않는다. 내게 잘 했다고만 말하고 구체적으로 어떤 점이 좋았는지 말해주지 않으면 앞으로 어떻게 해야 더 나아질 수 있을지 알 수가 없다. 아이에게도 건설적인 도움을 주려면 구체적으로 격려를 해줘야 한다. 구체적으로 격려해주는 것은 객관적으로 어떤 부분이 좋았는지 분명하게 알 수 있기 때문이다. "너 호기심이 많구나. 호기심을 계속 가져봐. 아주 좋은 장점이니까."라고 말해주지 말고 "길에서 모르는 사람들에게도 붙임성 있게 말을 잘 시키네. 덕분에 너는 그 사람들이 무엇을 하는지 잘 아는구나. 그런 호기심 아주 좋아. 네가 그렇게 말을 걸면 사람들은 관심을 받으니 좋을 거야. 너도 점점 많은 것을 배우고 이해할 수 있고 말이야."라고 말해주는 것이 어떨까?

칭찬과 격려를 구체적으로 해주면 아이가 관심을 받는다는 기분을 느낄 수 있다. 또한 아이는 자신이 우리에게 중요한 존재이고 사랑받는다는 기분을 느낄 수 있다.

쏠쏠 육아 Tip

아이들의 자아실현을 돕는 방법

- 아이들의 취향을 인정하자. 아이에게 싫다는 바이올린을 매일 억지로 1시간씩 연습시키지 말고 아이가 좋아하는 것을 할 수 있도록 하자.

- 마찬가지로 아이가 조용한 성격에 혼자 있는 것을 좋아한다면 단체 스포츠를 억지로 권하지 말자. 아이가 전혀 재미를 느끼지 못한다면 아무 도움도 안 된다.

쿨한 부모 행복한 아이

아이는 단체 스포츠보다 하프 수업을 좋아할 수 있다. 어쩌면 하프 수업에 진정한 재미를 느낄지도 모를 일이다.

- 아이가 좋아하지 않는 과목은 억지로 시키지 말고 흥미를 유도할 다른 방법을 찾는다(같이 공부하고 싶어 하는 친구도 도움이 된다. 학교와는 다른 방법을 사용한다). 중요한 것은 동기를 부여하는 일이다. 절대 강요해서는 안 된다.

- 아이의 단점을 지적하지 말고 장점을 알려줘야 그 장점을 적절히 활용한다(느린 아이는 꼼꼼할 수 있고, 공상을 좋아하는 아이는 창의적일 수 있다).

아이의 이타심을 길러주려면
어떻게 해야 할까?

자신감 있고 자신의 장점을 잘 아는 사람일수록 다른 사람들에게 이타적이다. 프랑스 출신으로 티벳 불교 승려인 마티유 리카르Matthieu Ricard(《행복을 위한 변명》(Nil출판사, 2003년)을 비롯해 여러 책을 집필)가 우리에게 반복적으로 하는 말이다. 마음을 열수록 행복으로 가는 길이 열린다. 그리고 나눔과 상호 도움은 행복을 부른다.

이러한 가치를 아이들에게 어떻게 전해야 아이들과 다른 사람들이 행복해질 수 있을까? 지금 나는 이타심에 관한 이야기를 하고 있다. 하지만 부담스러워 하지 말자. 나는 이타심이 있는 사람이 아니다. 오히려 이타심과는 거리가 먼 인간이다. 나야말로 우리 아이들 덕에 성장하고 있다.

친절하고 공감 능력 있는 아이로 기르고 싶다면 그렇게 되라고 명령만 해서는 안 된다. 친절함과 공감 능력은 매일 길러야 한다. 우리부터 아이에게 친절하고 공감 능력을 보여줘야 한다. 아이는 우리를 그대로 모방한다. 우리가 아이를 긍정적인 눈길로 봐주면 아이도 다른 사람들을 긍정적으로 바라본다.

🗨 아이의 행동이 주변에
어떤 도움을 주었는지 보여주자

우리는 여름 방학이 되면 단골 아이스크림 가게에 가곤 한다. 레옹은 아이스크림을 먹으며 여기저기 흘린다.

어느 날 나는 손수건과 휴지를 깜빡하고 가져오지 않았다. 그런데 조이가 자신의 배낭을 살펴보더니 미리 챙겨 온 휴지를 건넸다. 그런 조이에게 마음 같아서는 이렇게 칭찬해주고 싶었다.

"우리 조이 대단하네! 준비성이 좋구나!"

조이도 이런 칭찬을 들으면 기분이 좋았을 것이다. 하지만 조이가 이렇게 칭찬을 들었다고 다음에도 모든 것을 준비할지는 미지수다. 조이를 '준비성이 좋은 아이'로 정해버리면 조이 스스로 자신은 당연히 그래야 하는 것으로 생각해 칭찬을 들어도 별 감흥이 없을지 모른다. 그러다가 조이가 깜빡하고 휴지를 챙겨 오지 않은 날에는 오히려 내가 실망할 수 있다. 그래서 내가 조이에게 한 칭찬은 이랬다.

"잘 했어, 조이. 휴지 챙겨 왔구나. 덕분에 레옹의 옷 여기저기에 아이

스크림이 묻지 않았어."

조이의 행동이 동생에게 어떤 긍정적인 도움을 주었는지 자세히 알려준 것이다. 조이를 '준비성이 좋은 아이'로 정해버리는 것보다는 나은 칭찬이다. 아이는 자신의 행동 덕분에 주변 사람들이 행복해한다고 칭찬을 들으면 계속 이렇게 행동한다. 단, 아이는 자신을 희생해가며 다른 사람들을 위해 행동하지는 않는다. 우리의 목적은 아이에게 희생정신을 가르치는 것이 아니다. 아이가 다른 사람들을 도우면서 기쁨을 느낄 수 있도록 돕는 것이 목적이다.

파티에서 아이가 친구들에게 춤을 추도록 분위기를 이끌면 이렇게 칭찬해줄 수 있다.

"친구들이 모두 춤을 추네. 잘 했어. 대단하다. 네 덕에 친구들이 얼마나 즐거워하는지 보이지? 친구들이 정말로 파티가 재미있나 봐."

이와 같이 칭찬을 해주면 아이가 즐거울 때 다른 사람들도 즐거울 수 있다는 메시지를 전할 수 있다.

🍎 무미건조한 칭찬과 꾸지람은 하지 말자

우리는 아이들에게 착하다는 말을 한다. "인사를 하다니 착하네.", "나눌 줄도 알고 착하네.", "문을 잡고 있어주다니 착하네." 물론 아이가 우리에게 직접 도움이 되는 일을 하면 기쁘다고 이야기해도 된다. 나아가 아이가 다른 사람에게 도움이 되는 일을 하면(놀이터에서 친구에게 장난감을 빌려줄 때) 아이에게 직접 착하다고 말해주지 말고("우리 아들(딸) 착한 일 했네.") 아이가 한 행동이 다른 사람에게 얼마나 기쁨을 주는지 알려주자.

"친구 좀 봐. 네가 빌려준 장난감으로 놀 수 있어서 신나하네."

반대로 아이가 바람직하지 않은 행동을 한다고 해서 "그러면 착한 아이 아냐."라고 말하지 말자. 그보다는 앞에 있는 사람이 어떤 기분일지 생각하도록 해주자.

한 번은 조이가 방에서 사촌들과 놀 때였다. 그런데 조이가 사촌 한 명을 무리에 끼워주지 않았다. 옆에서 그 상황을 지켜보고 있던 나는 조이에게 윽박지르며 "조이, 그러면 착한 아이 아냐. 다 같이 놀아야지."라고 말하지 않았다. 그보다는 소외된 사촌이 얼마나 슬퍼할 수 있는지를 먼저 조이에게 알려주려고 했다.

나는 조이에게 억지로 사촌과 놀라고 해봐야 별 효과가 없을 것 같다는 판단이 섰다. 아이에게 친절을 강요한다고 아이가 부모의 뜻대로 친절하게 굴지는 않는다.

조이가 끝까지 사촌을 방에 들이지 않겠다고 고집을 부리면 조금 기다렸다가 다시 한번 물어봐주는 것이 좋다. 그러는 동안에는 내가 조이의 사촌을 돌봐주며 같이 할 수 있는 놀이를 찾아본다(어쩌면 사촌은 나와 노는 것이 더 재미있을 수도 있다).

아이에게 "그러면 착한 아이 아냐!"라고 말하지 말자. 그러면 아이를 나쁜 아이로 '낙인' 찍는 셈이 된다. 아이에게 착하지 않다고 단정적으로 말하면 기정사실이 되어버려 아이가 행동을 고치지 않는다.

🗨 아이 스스로 양보할 마음이
생기게 이끌어주자

아이들은 자기 것을 빌려주지 않으려 한다. 성장 과정상 자연스러운 과정이며 이런 시기가 오래갈 수도 있다. 이상한 일은 아니니 안심하자.

아이에게 억지로 빌려주라고 강요하면 안 될까? 강요받는 아이에게 자발적으로 빌려줄 마음이 생길까? 한마디로 강요는 안 된다. 그보다는 아이가 자발적으로 양보할 마음이 들 수 있게 이끌어줘야 한다.

앞서 조이와 테오 사이에 있었던 소방차 장난감 쟁탈전 일을 다시 떠올려보자.(204페이지) 조이와 친구 테오가 얌전히 놀고 있었다. 조이는 계속 소방차 장난감을 혼자서만 독차지했다. 테오는 조이가 소방차 장난감을 빌려주지 않는다고 내게 일렀다. 나는 테오에게 "테오야, 조이에게 '조이, 소방차 장난감 오랫동안 양보했는데 이제 나도 갖고 놀고 싶어. 그런데 나한테 소방차 장난감 안 빌려줘서 너무 속상해'라고 말해 봐."란 말을 하면 조이의 생각이 달라질 것이라고 알려줬다. 테오는 내가 가르쳐준 말을 조이에게 여러 번 자신의 솔직한 감정으로 부탁을 했고 상황이 쉽게 종료되었다.

이유가 뭘까? 바로 공감 능력을 이용했기 때문이다. 테오가 내가 가르쳐준 대로 조이에게 속상하다고 말하자 조이는 테오에게 다시 웃음을 선사하고 싶다는 생각을 했다. 결국 조이는 테오에게 장난감을 빌려주었다. 평소에 조이는 잘 빌려주고 양보하는 아이다. 이번에도 조이의 원래 성격이 나온 것이기는 하지만 나는 조이가 자발적으로 양보해서 기뻤다. 조이도 자발적으로 장난감을 양보하면서 즐거워했다. 조이가 테오에게 장난감을 양보한 것도 양보의 기쁨을 알기 때문이다.

💬 아이들이
서로 돕게 하자

아무리 어린아이라도 혼자서 할 수 있는 일이 있다. 그런데 일상에서 우리는 시간을 아껴야 한다는 이유로 아이의 도움을 거절할 때가 많다.

"아빠, 과자 만드는 거 도와줘?"

"지금은 괜찮아. 시간이 없거든."

아이가 좋은 마음으로 도와주겠다고 했는데 거절하다니 얼마나 안타까운 일인가? 왜 아이의 도움을 거절할까?

레옹은 늘 우리가 요리할 때 돕고 싶어 한다. 물론 레옹은 어리지만 잘 생각해보면 우리가 레옹에게 도와달라고 할 수 있는 일이 있다. 체리 토마토 꼭지를 떼거나, 설탕을 샐러드 그릇에 넣거나, 크레페 반죽을 잘 섞어달라고 레옹에게 부탁할 수 있다. 레옹은 이렇게 우리를 도우면서 자신감이 생기며 마음이 즐겁다. 나아가 레옹은 자기가 도움이 되었다는 생각과 무엇인가 해냈다는 성취감에 뿌듯한 기분을 느낀다.

또한 아이들끼리 서로 돕게 이끌어줄 수도 있다. 어느 날 아침이었다. 레옹은 15분 동안 정원에서 열심히 달팽이 채집을 했지만 달팽이를 한 마리도 잡지 못했다. 당시 조이도 레옹 옆에서 달팽이 찾기에 집중하고

있었다. 나는 조이에게 레옹을 도와주라고 부탁하는 대신 그냥 이렇게
말했다.

"불쌍한 레옹, 달팽이를 잡지 못하고 있네."

조이는 즉시 레옹에게 갔다.

"이리 와, 레옹. 누나랑 같이 달팽이 찾아보자. 달팽이 못 잡으면 내가
잡은 달팽이들 줄게."

그 외에도 아이들이 서로 도울 수 있는 상황이 많다. 레옹이 물병을
열지 못할 때는 나는 레옹에게 누나에게 부탁해보라고 한다. 그러면 조
이는 기꺼이 도와준다.

조이가 시리얼을 쏟았는데 치우기 싫어한다? 그러면 나는 조이에게
레옹의 도움을 받아보라며 아이디어를 준다.

"레옹이 도와주고 싶어 할 수도 있잖아."

레옹은 조이의 부탁에 즐거워하며 시리얼 치우는 일을 기꺼이 도와

준다. 아이가 도와주겠다고 하면 별 도움이 안 될 것 같아도, 우리가 해버리는 것이 빠를 것 같아도 아이의 도움을 받자. 아이가 우리의 여행 가방을 꺼내주거나 설거지하는 것을 도와주면 도움을 받아들이자.

아이는 도움을 주면서 자신이 쓸모 있는 존재라고 느낀다. 이것이 중요하다. 아이의 행동이 다른 사람에게 얼마나 도움이 되는지 힘주어 말해주자. 우리도 누군가에게 기쁨을 주는데 미처 깨닫지 못할 때가 있다. 그러다가 이를 알게 되면 기분이 좋아진다. 아이도 이런 행복을 느끼면 다음에도 또 도와주려고 할 것이다.

꼭 기억하자!

아이가 다른 사람들을 도울 수 있는 기회를 주자. 아니면 아이에게 도움이 필요한 사람들이 있다고 알려주자. 언제나 쓸모 있는 존재, 더 나아가 아이 스스로 행복한 사람이라는 것을 충분히 느끼게 해주자.

쿨한 부모 행복한 아이

책을 마치며

휴가를 마친 후 열차를 타고 집에 돌아가는 길이다. 내일은 원고 마감일이다. 마지막으로 원고를 탈고하면서 마무리를 어떻게 지어야 할지 생각해본다.

테제베^{TGV}에서 친해진 옆자리 여성에게 나의 책을 어떻게 마무리하면 좋을지 물었다. 그녀는 이렇게 대답했다.

"제가 독자라면 따뜻한 환경에서 자란 아이는 어떻게 성장하는지 자세히 알고 싶어 할 거예요."

그렇다면 우리 아이들 이야기를 좀 더 들려줘야 할까? 이 이야기만 해도 여러 페이지를 쓸 수 있으나 자칫 독자가 지루해할 수 있다. 그래서 이제까지 다룬 내용을 요약하는 의미에서 마지막 이야기를 하나 더 하려고 한다.

지난 여름. 우리 가족은 휴가를 맞아 당일 열리는 마을 축제에 참가했다. 돌아오는 길에 조이가 친구 스칼렛과 하는 이야기를 들었다. 축제에서 스칼렛은 진행자의 도움으로 분장을 한 상태였다. 하지만 조이는 분장을 받지 못했다.

스칼렛은 조이에게 다가와 말했다.

"나는 분장했는데 조이 너는 왜 안 했어?"

조이가 침착하면서도 명랑하게 대답했다.

"난 분장 안 받아도 괜찮아. 그런데 너 분장한 모습 멋지다!"

조이의 대답에 나는 내심 기뻤다. 자신감과 공감 능력. 이는 아이들에게 가장 중요한 두 가지이자 긍정 교육이 추구하는 두 가지 목표이기 때문이다. 현재 조이와 레옹을 보면 긍정 교육이야말로 아이들에게 진정한 기쁨과 행복을 준다는 것을 알 수 있다. 이 말을 꼭 독자들에게 하고 싶었다.

이미 많은 나라가 아이들을 따뜻하게 대하는 긍정 교육을 하고 있다. 긍정 교육을 하는 나라들은 대부분 아이들의 볼기짝을 때리는 체벌을 금지한다. 스웨덴, 네덜란드, 이스라엘, 핀란드, 노르웨이, 뉴질랜드가 대표적이다. 호주는 아직 아이들의 볼기짝을 때리는 체벌을 금지하지는 않지만 좋게 보지는 않는다.

긍정 교육을 가리켜 지나치게 방임주의적인 교육이라고 비난하는 기사들도 있다. 물론 아이들의 행복을 그 무엇보다 중요하게 생각하고 자신들의 행복보다 아이들의 행복을 우선시하는 부모들도 있다. 이렇게 보면 균형을 잡는 일이 쉽지만은 않다.

긍정 교육을 실시하는 나라에서 살고 있는 프랑스인들에게 물어보면 하나같이 같은 대답을 한다.

쿨한 부모 행복한 아이

"여기 아이들은 자신감이 넘치고 행복해해요."

외국에서 보는 프랑스 아이들은 대체적으로 예의바른 이미지다. 프랑스 아이들이 "부탁합니다.", "안녕하세요?", "안녕히 가세요.", "감사합니다." 라는 말을 입에 달고 살며, 식탁에서도 똑바로 앉고, 채소도 먹기 때문에 이렇게 예의바른 이미지가 되어버렸다.

사실 아이들은 저마다 다른 방식으로 교육을 받고 자란다. 그런 아이들을 보고 우리의 잣대로 이것이 좋다, 저것이 좋다 따지는 것은 중요하지 않다. 아이들이 자라서 어떻게 되는지 살펴보는 것이 중요하다.

앞서 이야기한 긍정 교육을 실시하는 나라들에서는 아이들이 어른이 되면 무단 횡단을 하지 않고, 줄을 똑바로 서며, 버스나 지하철에 무단으로 승차하지 않고, 길을 묻는 사람들을 기꺼이 도와준다.

어릴 때는 예의바르다는 평가를 받던 프랑스인들이 어른이 되면 외국에서 어떤 평가를 받는가? 열린 마음을 보여주는 사람들? 편안한 고객들? 규칙을 잘 지키는 시민들? 잘 모르겠다.

현실을 확인하니 우리 프랑스인들이 악착같이 지키고 아이들에게 강제로 주입하려는 규칙을 객관적으로 보고 싶다는 생각이 든다. 아이들의 가치와 행동 방식은 우리 어른들이 아이들을 대하는 방식에 영향을 많이 받는다. 우리가 아이들에게 이렇게 행동하라 저렇게 행동하라 요구해 봐야 큰 영향을 주지 못한다.

우리부터 아이들과 다른 사람들에게 예의를 지키며 존중하는 태도를 보여주자. 그러면 이를 보고 자란 아이들도 당연히 그렇게 된다. 우리가 아이들에게 진정으로 바라는 것은 아이들이 행복한 어린 시절을 보내고 행복하고 만족하는 어른이 되기를 바라는 것 아닌가!

세계 행복에 관한 유엔 연례보고서(유엔 세계행복보고서 2016)에 따르면 앞서 긍정 교육을 실시한다고 예를 든 7개국이 세계에서 가장 행복한 나라 11개국 중에서 상위를 차지한다. 가장 행복한 나라 순서로 소개하면 덴마크, 스위스, 아이슬란드, 노르웨이, 핀란드, 캐나다, 네덜란드, 뉴질랜드, 호주, 스웨덴과 이스라엘이다. 반면 프랑스는 부유하고 사회보장이 잘 되어 있고 평균 수명이 높은 나라인데도 행복 순위에서 겨우 32위다. 우연의 결과일까? 생각은 각자 자유다. 하지만 행복한 국가 순위를 보면서 나는 일상에서 긍정 교육을 실시하길 잘했다는 생각이 든다.

완벽한 부모만이 '쿨한 부모'가 되는 것은 아니다. 우리는 완벽한 부모가 아니다. 더구나 완벽한 부모란 존재하지도 않는다. 때론 이상적으로 보이는 부모들도 물론 있다. 이들은 주변 사람에게 집안에 별 문제가 없다고 말한다. 그렇다고 이들 부모가 완벽한 것은 아니다. 이들 부모가 거짓말을 하는 것도 아니다. 이들 부모는 다른 사람에 비해 아이들의 문제를 좀 더 관대하게 바라볼 뿐이다. 아이들의 사소한 짜증은 예전이나 지금이나 조금 있으면 지나간다고 생각한다. 어린아이니까 깨물 수도 있다고 생각한다. 그리고 아이가 말을 하면 어려운 시기는 넘어갈 것이라고 생각한다.

이들 부모는 저녁 시간에 아무리 소란스러운 일이 생겨도 신경질을 내지 않고 아이들을 괴물 취급하지도 않는다. 그저 부모나 아이나 잠시 피곤하고 스트레스가 쌓여 그런 것이라고 아무렇지도 않게 설명한다.

인내심, 유머와 사랑이 있으면 감정에 휘둘리지 않을 수 있다. 부모와 아이가 사소한 일로 아옹다옹할 수 있다. 그렇다고 아이가 어른이 되어 제대로 살아가지 못하는 것은 아니다. 사소한 문제에 지나치게 신경을 쓰다 보니 일상이 피곤한 것이다.

그렇다. 긍정 교육으로 가려면 노력과 의지가 필요하다. 앞으로도 우리는 인내심을 잃고 마음에도 없는 말을 할 수도 있다. 그래도 긍정 교육을 하기 위해 한 발짝씩 노력하면 미래의 세상은 더 나아질 수 있다. 수직 관계가 아니라 상호 존중하는 관계가 기본인, 공감하는 인간관계 중심의 세상이 될 것이다. 이렇게 봤을 때 긍정 교육은 평화로운 세상으로 다가가는 발걸음이다.

이 책을 읽고 어떤 기분이 드는가? 아이와의 관계를 새로운 방식으로 생각해봐야겠다는 깨달음이 생겼는가? 아이들과 함께하는 순간들을 즐겁게 보내거나, 아이들의 행동이 마음에 들지 않아도 가능한 한 짜증을 내지 않고 부모로서 자신감을 갖기 위해 앞으로 긍정교육을 하고 싶은가? 그렇다면 〈Cool Parents Make Happy Kids(www.coolparentsmakehappykids.com)〉 블로그에 소개된 쿨한 부모가 되는 온라인 코칭을 추천한다. 나는 매일 이 블로그를 통해 아이와의 관계를 새롭게 변화시키고 우리 안에 있는 훌륭한 부모의 자질이 무엇인지 함께 고민하고자 한다. 완벽하지는 않아도 행복한 부모가 되어 아이가 행복해지기 위해 필요로 하는 것이 정확히 무엇인지 살펴보자.

'완벽한 부모'가 아니어도 '쿨한 부모'가 될 수 있다!

감사의 말

블로그 〈Cool Parents Make Happy Kids〉가 빛을 볼 수 있게 도와준 모든 분들에게 감사의 인사를 전합니다. 또한 《쿨한 부모 행복한 아이》(원서명: Cool Parents Make Happy Kids)가 출간될 수 있도록 옆에서 응원해주시고 도움을 주신 분들에게도 감사를 표합니다. 혼자였다면 절대로 지금의 블로그를 만들지도, 지금까지 유지하지도 못했을 것입니다.

그중에서도 먼저 블로그를 시작할 때부터 믿고 응원해준 나의 오랜 친구 카미유에게 고마움을 전하고 싶습니다. 변함없는 지지와 전폭적인 도움이 있었기에 블로그 운영이 가능했습니다. 무엇보다 유머 감각과 예리한 분석력을 지닌 카미유의 검토 덕분에 이 책이 원래 취지대로 잘 나올 수 있었습니다. 그녀의 다양한 조언은 제가 글을 쓰는 과정에서 메시지를 더욱 깊이 있게 고민하고 다듬을 수 있는 뿌리가 되었습니다.

그다음으로 마라부^{MaraBout} 출판사의 올리비아 편집자님에게도 고맙다고 말하고 싶습니다. 올리비아 편집자님은 제가 블로그를 개설한 지

쿨한 부모 행복한 아이

6개월도 안 되었을 무렵 저에게 찾아와 머릿속에만 가득하던 여러 생각을 글로 깔끔하게 다듬을 수 있도록 도와주셨습니다. 재치와 유머 그리고 편집자로서의 재능을 이 책을 통해 유감없이 발휘하여 주신 덕분에 값진 책으로 엮을 수 있게 되었습니다.

제 블로그 독자 여러분들에게도 감사드립니다. 초창기 SNS를 통해 열심히 입소문을 내주시며 주변에 홍보해준 덕에 오늘날 뜻깊은 결과를 맺을 수 있었습니다. 아울러 독자분들이 들려주신 댓글 코멘트와 진솔한 에피소드들은 제가 가지고 있던 생각과 막연한 직감을 구체적으로 다듬을 수 있는 기둥이 되었습니다. 독자분들께서 보내주신 수많은 메일 하나하나가 정말로 감동적이었고, 이는 제가 꾸준히 글을 쓰게 되는 원동력이 되었습니다. 다시 한번 독자분들께 여러모로 감사의 말씀 전합니다.

가까이에서 제게 영감을 주고 기발한 생각을 들려주는 친구들에게도 고마움을 전합니다. 그들과 나눴던 이야기는 언제나 즐겁고 소중했습니다. 더불어 늘 친절하게 심리학적 접근과 자신의 견해를 들려주며 열정적으로 저와 함께 토론해주신 사랑하는 할머니, 나의 교육과 행복에 큰 영향을 끼친 할아버지, 존재만으로도 힘이 되는 대부님과 대모님, 가족으로서 튼튼한 울타리가 되어준 형제들 그리고 지금의 저를 키워주신 부모님께도 감사드립니다.

끝으로 매일 제게 기쁨과 사랑을 주고 지원을 아끼지 않는 남편과 아이들에게 진심으로 고마움을 표합니다.

이 도서의 국립중앙도서관 출판시도서목록(CIP)은 서지정보유통지원시스템 홈페이지(http://seoji.nl.go.kr)와 국가자료공동목록시스템(http://www.nl.go.kr/kolisnet)에서 이용하실 수 있습니다.
(CIP제어번호: 2020038142)

쿨한 부모
행복한 아이

오늘도 아이와 전쟁하고 있는 부모를 위한 긍정 육아

초판 1쇄 발행 2020년 10월 05일

지은이   샤를로트 뒤샤르므
옮긴이   이주영
그린이   안희원

발행처   북하이브
발행인   이길호
편집인   김경문
편 집   최아라
마케팅   양지우
디자인   블랙페퍼디자인
제 작   김진식 · 김진현 · 이난영
재 무   강상원 · 이남구 · 진제성
물 류   안상웅 · 이수인

북하이브는 (주)타임교육C&P의 단행본 출판 브랜드입니다.
출판등록   제2020-000187호
주 소   서울특별시 강남구 봉은사로442 75th AVENUE빌딩 7층
전 화   1588-6066
팩 스   02-395-0251
전자우편   time-editor@naver.com

ⓒCharlotte DUCHARME
ISBN 979-11-971201-4-5 (03590)